Wissenschaftliche Taschenbücher WTB

Mathematik · Physik

Hans Neumann
Kurt Stecker

Temperatur-messung

Akademie-Verlag Berlin

WTB

Wissenschaftliche Taschenbücher

Eine Auswahl

Heinrich Arnold
Physikalische Chemie der Halbleiter

Joachim Auth / Dietmar Genzow
Klaus H. Herrmann
Photoelektrische Erscheinungen

Hans Bandemer / Andreas Bellmann
Wolfhart Jung / Klaus Richter
Optimale Versuchsplanung

Frank Beichelt
Prophylaktische Erneuerung von Systemen

Joachim Bellach / Peter Franken
Elke Warmuth / Walter Warmuth
Maß, Integral und bedingter Erwartungswert

Wolfram Brauer
Hans-Waldemar Streitwolf
Theoretische Grundlagen der Halbleiterphysik

Siegfried Brehmer
Einführung in die Maßtheorie

Siegfried Brehmer
Hilbert-Räume und Spektralmaße

Ernst-Joachim Donth
Glasübergang

Hannelore Fischer / Joachim Piehler
Modellsysteme der Operationsforschung

Gottfried Fritzsche
Grundlagen und Entwurf passiver Analogzweipole
Netzwerke I

Gottfried Fritzsche
Entwurf passiver Analogvierpole
Netzwerke II

Entwurf aktiver Analogvierpole
Netzwerke III

Zeitdiskrete und digitale Systeme
Netzwerke IV

Herbert Goering
Asymptotische Methoden zur Lösung von Differentialgleichungen

Herbert Goering / Hans-Görg Roos
Lutz Tobiska
Finite-Element-Methode

Nina Hager
Modelle in der Physik

Martin Heinrich / Heinz Ulbricht
Mechanik der Kontinua

Eduard Herlt / Nikolaus Salié
Spezielle Relativitätstheorie

Helmut Hess
Der elektrische Durchschlag in Gasen

V. I. Karpman
Nichtlineare Wellen in dispersiven Medien

A. R. Kessel
Akustische Kernresonanz

Dieter Kress
Theoretische Grundlagen der Signal- und Informationsübertragung

Karl Lanius
Physik der Elementarteilchen

Dieter Leuschner
Grundbegriffe der Thermodynamik

Dieter Michel
Grundlagen und Methoden der kernmagnetischen Resonanz

L. I. Miroschnitschenko
Kosmische Strahlung im interplanetaren Raum

Gernot Neugebauer
Relativistische Thermodynamik

Volker Nollau
Semi-Markovsche Prozesse

Peter Paufler
Phasendiagramme

Harry Paul
Photonen

Ulrich Röseberg
Quantenmechanik und Philosophie

Robert Rompe / Hans-Jürgen Treder
Zählen und Messen

Albrecht Rost
Messung dielektrischer Stoffeigenschaften

Wolfgang Schäfer
Theoretische Grundlagen der Stabilität technischer Systeme

Ernst Schmutzer
Symmetrien und Erhaltungssätze der Physik

Werner Schoenborn / Klaus Fritzsch / Gerd Stanke
Lernverfahren für technische Systeme

Volkmar Schuricht
Kernexplosionen für friedliche Zwecke

Hubertus Stolz
Supraleitung

Werner Stolz
Messung ionisierender Strahlung

Werner Stolz / Reinhold Bernhardt
Dosimetrie ionisierender Strahlung

Gerhard Wunsch
Geschichte der Systemtheorie

Wolfgang Blei
Erkenntniswege zur Erd- und Lebensgeschichte

Festkörperphysik
Entwicklungstendenzen und Anwendungsmöglichkeiten

Die Schöpfer der physikalischen Optik
Eine Artikelsammlung

Renate Wahsner
Mensch und Kosmos
Die copernicanische Wende

Wolfgang Fritsche
Umwelt-Mikrobiologie

Klaus-Dieter Jentzsch
Regulation des Wachstums und der Zellvermehrung

Manfred Knoke / Hannelore Bernhardt
Mikroökologie des Menschen
Mikroflora bei Gesunden und Kranken

Karlheinz Lohs / Dieter Martinetz
Entgiftung — Mittel, Methoden und Probleme

Joachim Nitschmann
Entwicklung bei Mensch und Tier

Peter Nuhn / Hans-Jörg Hofmann
Molekulare Wirkungsmechanismen von Pharmaka

Dieter Spaar / Helmut Kleinhempel / Hans Joachim Müller / Klaus Naumann
Bakteriosen der Kulturpflanzen

Eberhard Teuscher
Pharmakognosie
Teil I–III

Peter Hellmold
Hochtemperaturreaktionen

Hans-Werner Kammer / Kurt Schwabe
Einführung in die Thermodynamik irreversibler Prozesse

Reinhard Kirmse / Joachim Stach
ESR-Spektroskopie
Anwendungen in der Chemie

Evgeni E. Nikitin / Lutz Zülicke
Theorie chemischer Elementarprozesse

Dieter Onken
Antibiotika – Chemie und Anwendung

Ernst Schmitz
Organische Zwischenprodukte

Günther Wagner / Hans Kühmstedt
Pharmazeutische Chemie

Vorschau auf die nächsten Bände:

Horst Hennig / Detlef Rehorek
Photochemische und photokatalytische Reaktionen von Koordinationsverbindungen

Klaus Müller / Karlheinz Lohs
Toxikologie.
Einführung, Probleme, Tendenzen

Christian Posthoff / Günter Reinemann
Computerschach – Schachcomputer

Siegfried Schönherr
Anorganische Chemie

Rudolf Taube
Homogene Katalyse

Helmut Tschäpe
Plasmide
Biologische Grundlagen und praktische Bedeutung

WTB

BAND 288

Hans Neumann
Kurt Stecker
unter Mitwirkung von
Raimund Horch

Temperaturmessung

Mit 62 Abbildungen und 13 Tabellen

AKADEMIE-VERLAG BERLIN

Reihe MATHEMATIK UND PHYSIK

Herausgeber.
Prof. Dr. phil. habil. W Holzmüller, Leipzig
Prof. Dr phil. habil. A. Lösche, Leipzig
Prof. Dr. phil. habil. H Reichardt, Berlin
Prof. Dr rer nat. habil. H.-J. Treder, Caputh

Verantwortlicher Herausgeber dieses Bandes
Dozent Dr. sc. Hans Neumann
Leipzig

Verfasser,
Dozent Dr. sc. Hans Neumann
Sektion Physik der Karl-Marx Universität Leipzig

Prof. Dr. Kurt Stecker, Dr. Raimund Horch
Sektion Physik der Martin-Luther Universität Halle

ISBN 3-05-500201-6
ISSN 0084-098X

1987
2., unveränderte Auflage
Erschienen im Akademie-Verlag Berlin,
DDR-1086 Berlin, Leipziger Straße 3–4

Lizenznummer: 202 · 100/420/87
Printed in the German Democratic Republic
Gesamtherstellung: VEB Druckhaus „Maxim Gorki", 7400 Altenburg
Lektor: Dipl.-Phys. Ursula Heilmann
LSV 1144
Bestellnummer: 763 170 7 (7288)
01250

Vorwort

Die Temperaturmessung spielt sowohl in der naturwissenschaftlichen Forschung als auch in vielen Bereichen der Technik eine wichtige Rolle, wobei heute für viele der zu lösenden Meßaufgaben industriell hergestellte Temperaturmeßgeräte zur Verfügung stehen. Bei der Lösung einer konkreten Aufgabenstellung steht der Physiker oder Ingenieur jedoch oft vor dem Problem, das den speziellen Meßbedingungen und Genauigkeitsanforderungen am besten angepaßte Temperaturmeßverfahren auszuwählen, unter Umständen ein vorhandenes Gerät geeignet zu modifizieren oder sogar selbst ein Temperaturmeßgerät aufzubauen. In allen diesen Fällen wird eine optimale Lösung der Meßaufgabe nur dann möglich sein, wenn solide Kenntnisse über die physikalischen Grundlagen der einzelnen Temperaturmeßmethoden vorhanden sind sowie die für das jeweilige Meßverfahren charakteristischen Fehlerquellen beachtet werden. Das vorliegende Buch wurde unter besonderer Beachtung dieser beiden Aspekte verfaßt. Der Abschnitt 1 ist der Definition der thermodynamischen Temperaturskala gewidmet. In den darauf folgenden Abschnitten 2 bis 7 werden die heute gebräuchlichsten Temperaturmeßverfahren behandelt, während in Abschnitt 8 kurz auf einige in der Praxis nur wenig eingesetzte Thermometertypen eingegangen wird, die insbesondere für die Messung sehr tiefer Temperaturen Bedeutung erlangt haben. Jeder Abschnitt enthält Hinweise auf die mit dem jeweiligen Verfahren verknüpften spezifischen Fehlerquellen; die bei der Temperaturmessung generell auftretenden systematischen Fehler sowie die Möglichkeiten für die Abschätzung ihrer Größe werden in Abschnitt 9 behandelt. In allen Fällen wird der prinzipielle Aufbau der Thermometer beschrieben, in Anbetracht der Vielzahl der möglichen und auch praktisch realisierten Konstruktionsvarianten wurde bezüglich detaillierter Angaben stets ein Hinweis auf vorhandene umfangreichere Standardwerke oder die entsprechende Originalliteratur gegeben.

Leipzig und Halle, Juli 1982 — Die Autoren

Inhaltsverzeichnis

1. Temperaturskalen

1.1. *Thermodynamische Temperatur*

Es ist eine bekannte Erfahrungstatsache, daß sich viele Eigenschaften von Stoffen bei Wärmezufuhr in gesetzmäßiger Weise ändern. Zur physikalischen Beschreibung dieser Erscheinungen muß eine Größe eingeführt und definiert werden, die den thermischen Zustand einer Substanz charakterisiert. Diese thermische Zustandsgröße wird als Temperatur bezeichnet. Auf Grund allgemeiner Überlegungen läßt sich zeigen, daß eine Temperatur nur für den Zustand des thermodynamischen Gleichgewichts definiert werden kann, wobei die Temperatur eine Funktion der Energie des Systems und seiner Wechselwirkung mit der Umgebung ist [1]. Diese Funktion kann willkürlich gewählt werden, was mit anderen Worten bedeutet, daß die allgemeine Einführung des Temperaturbegriffs noch keine eindeutige Aussage bezüglich einer Temperaturskala liefert. Selbst wenn man die Temperaturdefinition wie üblich dahingehend ergänzt, daß die Temperatur eines Körpers bei Anwachsen seiner Energie unter ansonsten konstanten Bedingungen steigt, bleibt die Wahl der Temperaturskala willkürlich.

Um zu einer zahlenmäßigen Aussage über die Temperatur zu kommen, kann man sich irgendeiner meßbaren physikalischen Eigenschaft einer Substanz bedienen, die eine eindeutige Funktion der Temperatur ist. Man kann hierfür etwa das Volumen einer Flüssigkeit wählen, von dem bekannt ist, daß es mit steigender Temperatur wächst. Nimmt man der Einfachheit halber an, daß der Zusammenhang zwischen dem Flüssigkeitsvolumen V und der Temperatur linear ist und ordnet jedem Temperaturzustand einen Zahlenwert s zu, so hat man

$$V(s) = a + bs.$$

Die Konstanten a und b ergeben sich durch die Messung von V in zwei unterschiedlichen Temperaturzuständen, denen man willkürlich Zahlenwerte s_1 und s_2 zuordnet. Setzt man die so ermittelten Werte für a und b in (1.1) ein und löst nach s auf, so findet man

$$s = s_1 + \frac{s_1 - s_2}{V(s_1) - V(s_2)} [V(s) - V(s_1)]. \tag{1.2}$$

Mit Hilfe der Beziehung (1.2) kann man nun die Zahlenwerte s für beliebige Temperaturzustände durch Messung des entsprechenden Volumens $V(s)$ bestimmen, das heißt, man verfügt über eine zahlenmäßige Aussage über die Temperatur. Dieses Verfahren für die Festlegung einer Temperaturskala besitzt jedoch den Nachteil, daß es von der verwendeten Substanz, der gewählten temperaturabhängigen Eigenschaft und dem für diese Eigenschaft verwendeten funktionellen Zusammenhang mit der Temperatur abhängen wird. Es ist deshalb für die Festlegung einer allgemein gültigen Temperaturskala zu fordern, daß die gewählte physikalische Eigenschaft substanzunabhängig ist. Hierfür bietet sich die Ausnutzung des von CARNOT vorgeschlagenen Kreisprozesses an [2].

Es kann ganz allgemein vorausgesetzt werden, daß der Zustand einer gegebenen homogenen Stoffmenge durch ihren Druck p und ihr Volumen V eindeutig festgelegt ist. Diese beiden voneinander unabhängigen Größen bestimmen damit auch die Temperatur des Systems, wobei die Verknüpfung aller drei Größen als Zustandsgleichung bezeichnet wird, die etwa in der Form

$$F(p, V, s) = 0 \tag{1.3}$$

geschrieben werden kann. Hierbei wurde vorausgesetzt, daß wir unter Ausnutzung irgendeiner temperaturabhängigen Eigenschaft (etwa nach Gl. (1.2)) eine empirische Temperaturskala gewonnen haben, die es uns erlaubt, jedem Temperaturzustand eindeutig einen Zahlenwert s zuzuordnen. Eine solche homogene Stoffmenge wird nun als Arbeitsmittel für einen CARNOT-Prozeß verwendet.

Der CARNOTsche Kreisprozeß wird im p-V-Diagramm durch zwei sich schneidende Isothermen und Adiabaten dargestellt (Abb. 1.1). Ausgehend vom Ausgangszustand 1 wird dem Arbeitsmittel aus einem Wärmebehälter I mit der Temperatur s_1 eine Wärmemenge Q_1 zugeführt, wobei es längs der Isothermen s_1 in den Zustand 2 übergeht und durch Expansion äußere Arbeit leistet; anschließend wird das Arbeitsmittel längs der Adiabaten

2—3 unter äußerer Arbeitsleistung weiter entspannt, wobei seine Temperatur von s_1 auf s_2 absinkt; die Rückführung des Arbeitsmittels in den Ausgangszustand 1 erfolgt durch Kompression unter äußerem Arbeitsaufwand, und zwar zunächst längs der Isothermen s_2 bis zum Zustand 4 — hierbei wird die Wärmemenge

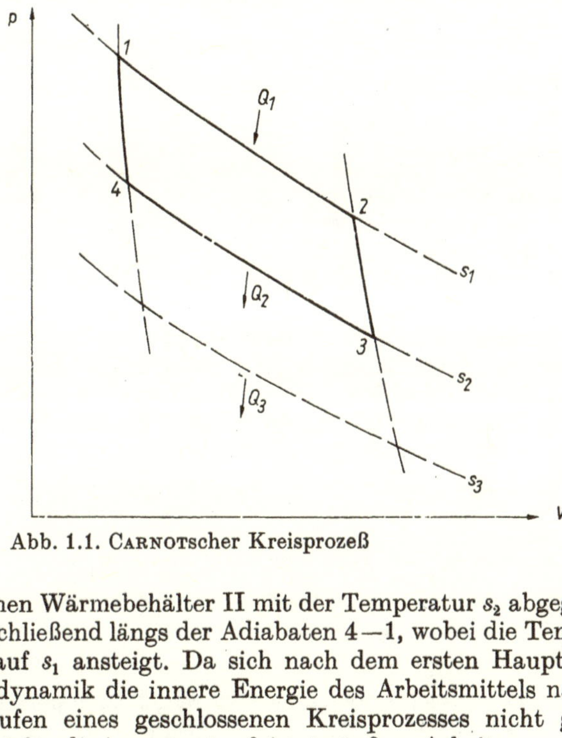

Abb. 1.1. CARNOTscher Kreisprozeß

Q_2 an einen Wärmebehälter II mit der Temperatur s_2 abgegeben — und anschließend längs der Adiabaten 4—1, wobei die Temperatur von s_2 auf s_1 ansteigt. Da sich nach dem ersten Hauptsatz der Thermodynamik die innere Energie des Arbeitsmittels nach dem Durchlaufen eines geschlossenen Kreisprozesses nicht geändert hat, folgt für die insgesamt geleistete äußere Arbeit

$$W = Q_1 - Q_2 \tag{1.4}$$

und damit für den thermodynamischen Wirkungsgrad des CARNOT-Prozesses

$$\eta = \frac{W}{Q_1} = 1 - \frac{Q_2}{Q_1}. \tag{1.5}$$

Für die Herleitung der Beziehung (1.5) waren keinerlei Annahmen über die spezifischen Eigenschaften des Arbeitsmittels sowie über die Form seiner Zustandsgleichung (1.3) erforderlich. Hieraus folgt, daß der Wirkungsgrad (1.5) des CARNOT-Prozesses stoffunabhängig ist und damit nur durch die Temperaturen s_1 und s_2 der Wärmebehälter I und II bestimmt wird. Mit anderen Worten, es besteht ein eindeutiger funktioneller Zusammenhang zwischen s_1 und s_2 und dem Verhältnis Q_2/Q_1 in (1.5), der ohne Einschränkung der Allgemeinheit in der Form

$$\frac{Q_1}{Q_2} = f(s_1, s_2) \tag{1.6}$$

geschrieben werden kann. Die unbekannte Funktion $f(s_1, s_2)$ läßt sich durch die folgende Überlegung vereinfachen. Wir nehmen an, daß hinter die Wärmebehälter I und II mit den Temperaturen s_1 und s_2 ein weiterer Wärmebehälter III mit der Temperatur s_3 geschaltet ist und daß die dem Wärmebehälter II infolge des eben beschriebenen Kreisprozesses zugeführte Wärmemenge Q_2 gleich der Wärmemenge sein möge, die dem Arbeitsmittel in einem zweiten Kreisprozeß unter Einschluß der Isothermen s_2 uns s_3 und der gleichen Adiabaten zugeführt wird (Abb. 1.1). Dann gilt für diesen zweiten Kreisprozeß in Analogie zu (1.6) die Beziehung

$$\frac{Q_2}{Q_3} = f(s_2, s_3),$$

woraus sich nach Multiplikation mit (1.6) die Relation

$$\frac{Q_1}{Q_3} = f(s_1, s_2)\, f(s_2, s_3) \tag{1.7}$$

ergibt. Andererseits kann man einen CARNOT-Prozeß zwischen den Wärmebehältern I und III mit den Temperaturen s_1 und s_3 ablaufen lassen (Abb. 1.1), was zu

$$\frac{Q_1}{Q_3} = f(s_1, s_3) \tag{1.8}$$

führt, woraus man mit (1.7) die Gleichung

$$f(s_1, s_3) = f(s_1, s_2)\, f(s_2, s_3) \tag{1.9}$$

erhält. Diese Gleichung kann im allgemeinen Falle nur dann erfüllt werden, wenn die von zwei Variablen abhängige Funktion

$f(s_i, s_j)$ die Form

$$f(s_i, s_j) = \frac{g(s_i)}{g(s_j)}$$

hat, so daß sich für (1.6) die Beziehung

$$\frac{Q_1}{Q_2} = \frac{g(s_1)}{g(s_2)} \tag{1.10}$$

ergibt. Der Verlauf der Funktion $g(s)$ kann bis auf einen willkürlich wählbaren konstanten Faktor experimentell bestimmt werden, indem man den CARNOT-Prozeß zwischen einem festgehaltenen Temperaturzustand s_1 und verschiedenen Temperaturzuständen s_2 ablaufen läßt und die jeweils umgesetzten Wärmemengen Q_1 und Q_2 durch Messung ermittelt. Auf diese Weise erhält man gemäß (1.10) eine eindeutige Zuordnung der Zahlenwerte s zu Zahlenwerten $g(s)/g(s_1)$, wobei die Größe $1/g(s_1)$ den noch willkürlich wählbaren konstanten Faktor darstellt.

Dieses Ergebnis ermöglicht es, der willkürlich gewählten Temperaturskala s eine Temperaturskala

$$T = g(s) \tag{1.11}$$

zuzuordnen, die unabhängig von irgendwelchen Stoffeigenschaften und wegen der Gültigkeit von (1.10) auch unabhängig von der speziellen Wahl der Temperaturskala s ist. Für die den CARNOT-Prozeß charakterisierenden Beziehungen (1.10) und (1.5) kann man dann schreiben

$$\frac{Q_1}{Q_2} = \frac{T_1}{T_2} \tag{1.12}$$

und

$$\eta = 1 - \frac{T_2}{T_1}. \tag{1.13}$$

Nach (1.13) ist wegen $T_1 > T_2$ stets $\eta < 1$, solange $T_2 > 0$ gilt. Bei $T_2 = 0$ wird der Wirkungsgrad $\eta = 1$, so daß durch diesen Grenzfall der Nullpunkt der Temperaturskala T definiert werden kann. Negative Werte von T_2 würden gemäß (1.13) Wirkungsgrade $\eta > 1$ ergeben und sind demzufolge wegen des zweiten Hauptsatzes der Thermodynamik ausgeschlossen.

Die mit den Gln. (1.11) und (1.12) definierte Temperatur wird als thermodynamische Temperatur bezeichnet. Sie besitzt einen Nullpunkt $T = 0$ und nimmt nur positive Werte an. Auf Grund der Gültigkeit des NERNSTschen Wärmetheorems kann der absolute Nullpunkt der Temperatur nur asymptotisch erreicht werden, so daß auch ein CARNOT-Prozeß mit dem Wirkungsgrad $\eta = 1$ praktisch nicht realisierbar ist (ausführlicher hierzu s. [1, 2]). Da der CARNOT-Prozeß gemäß (1.12) nur eine Aussage über das Verhältnis zweier thermodynamischer Temperaturen liefert, ist eine zahlenmäßige Angabe über die thermodynamische Temperatur noch mit einem willkürlich wählbaren konstanten Faktor behaftet.

Es läßt sich beweisen (ausführlicher hierzu s. [2—4]), daß die über den CARNOT-Prozeß definierte thermodynamische Temperatur T dieselbe Größe ist, die auch in allen anderen stoffunabhängigen, die Temperatur enthaltenden physikalischen Beziehungen auftritt, wie etwa in der Zustandsgleichung für die idealen Gase, in den Strahlungsgesetzen für den schwarzen Körper oder in der NYQUIST-Formel für das Rauschen.

1.2. Thermodynamische Temperaturskala

Um eindeutige und miteinander vergleichbare Zahlenangaben über die thermodynamische Temperatur T machen zu können, muß über den gemäß der Temperaturdefinition in Abschnitt 1.1. noch willkürlichen konstanten Zahlenfaktor in T verfügt werden. Das kann dadurch geschehen, daß man einem ausgewählten Temperaturzustand durch Definition einen bestimmten Zahlenwert der thermodynamischen Temperatur zuordnet. Die Realisierung dieses Temperaturzustands kann über einen einzigen, möglichst genau reproduzierbaren Gleichgewichtszustand eines materiellen Systems erfolgen. Entsprechende Festlegungen sind auf der 13. Generalkonferenz für Maß und Gewicht im Jahre 1967 getroffen worden. Danach ist die Einheit der thermodynamischen Temperatur das Kelvin (K), dessen Festlegung dadurch erfolgt, daß man dem Tripelpunkt von Wasser durch Definition den genauen Wert $T = 273{,}16$ K zuerteilt, das heißt, das Kelvin ist der 273,16te Teil der thermodynamischen Temperatur des Tripelpunktes von Wasser. Das Kelvin ist eine Grundeinheit des Internationalen Einheitensystems SI und ist nicht nur Einheit der thermodynamischen Temperatur, sondern auch Einheit der

Temperaturdifferenz. Die Bildung dezimaler Vielfacher und Teile des Kelvin mit den entsprechenden SI-Vorsätzen (s. dazu [5]) ist zulässig.

1.3. *Thermodynamische* CELSIUS-*Skala*

Die Differenz aus einer Temperatur T und der Temperatur $T_0 = 273{,}15\,\mathrm{K}$ wird als CELSIUS-Temperatur ϑ bezeichnet: $\vartheta = T - T_0$. Bei der Angabe von CELSIUS-Temperaturen wird für die Benennung der Temperatureinheit nicht das Kelvin (K), sondern das Grad CELSIUS (°C) verwendet.

1.4. *Internationale Praktische Temperaturskala von 1968 (IPTS-68)*

Mit der in den Abschnitten 1.1. und 1.2. gegebenen Definition der thermodynamischen Temperatur und ihrer Einheit verfügt man jedoch noch nicht über eine praktisch realisierbare Vorschrift für die Darstellung des Kelvin, was für die Eichung von Temperaturmeßgeräten erforderlich ist. Die Lösung dieser Aufgabe erfolgt durch die Internationale Praktische Temperaturskala von 1968 (IPTS-68). Sie ordnet jedem Temperaturzustand mit der thermodynamischen Temperatur T einen Zahlenwert $\{T\}_{68}$ zu, aus dem sich zunächst T entsprechend Gl. (1.11) durch eine Beziehung der Form

$$T = g(\{T\}_{68}) \tag{1.14}$$

ergibt. Diese Zuordnung erfolgt aber nun durch solche Vorschriften, daß die Zahlenwerte $\{T\}_{68}$ den Zahlenwerten $\{T\}$ der thermodynamischen Temperatur so nahe kommen, daß die Differenzen $\{T\}_{68} - \{T\}$ innerhalb der Grenzen der gegenwärtig erreichbaren Meßgenauigkeit bleiben, so daß $\{T\}_{68} \approx \{T\}$ vorausgesetzt werden kann. Die durch die IPTS-68 festgelegte Temperatur wird ebenfalls in Kelvin gemessen, wobei für alle praktischen Belange $T = \{T\}\,\mathrm{K}$ mit $T_{68} = \{T\}_{68}\,\mathrm{K}$ gleichgesetzt werden kann.

Die IPTS-68 basiert auf Temperaturwerten für eine Reihe ausgewählter, sehr gut reproduzierbarer Gleichgewichtszustände, den sogenannten definierenden Fixpunkten. Hierfür dienen Gleichgewichtszustände zwischen den drei möglichen Phasen (fest, flüssig, gasförmig) reiner Stoffe. Eine Untersuchung des Phasenverhaltens reiner Stoffe zeigt, daß die Ausdehnung der Existenzgebiete der drei Phasen fest, flüssig und gasförmig vom Druck und von der Temperatur abhängt. Abb. 1.2 zeigt die Gebiete der drei Phasen in einem p-T-Diagramm, wobei die Schmelzdruckkurve, die Dampfdruckkurve und die Sublimationsdruckkurve die Wertepaare p, T angeben, bei denen die jeweils benachbarten Phasen miteinander im Gleichgewicht stehen. Alle drei Kurven schneiden

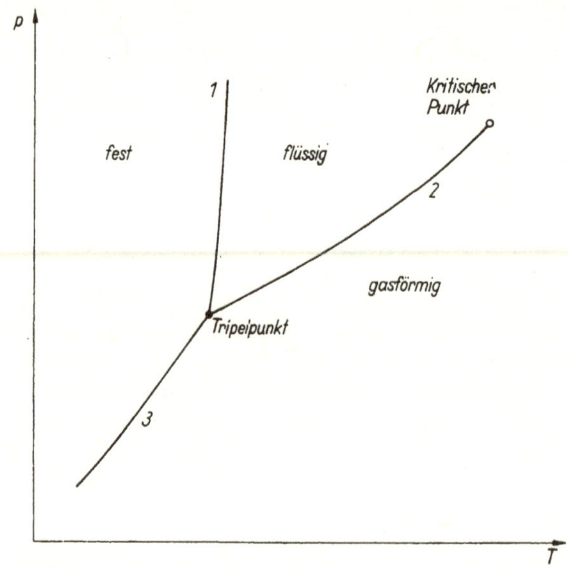

Abb. 1.2. p-T-Diagramm eines reinen Stoffes. 1 — Schmelzdruckkurve, 2 — Dampfdruckkurve, 3 — Sublimationsdruckkurve

sich in einem ausgezeichneten Punkt, dem sogenannten Tripelpunkt, der einem genau definierten Zustand entspricht und in dem alle drei Phasen miteinander im Gleichgewicht stehen. Ein weiterer ausgezeichneter Punkt des Phasendiagramms ist der kritische Punkt, in dem die Dampfdruckkurve endet (s. Abb. 1.2). Bei $T > T_{\text{krit}}$ gibt es keine Phasengrenze zwischen Gas und Flüssigkeit.

Als definierende Fixpunkte der IPTS-68 sind solche Gleichgewichtszustände ausgewählter Stoffe festgelegt worden, die

Tabelle 1.1
Definierende Fixpunkte der IPTS-68

Gleichgewichtszustand	T_{68} (K)
Tripelpunkt des Gleichgewichtswasserstoffs[1])	13,81
Siedepunkt des Gleichgewichtswasserstoffs[1]) bei $p = 33\,330{,}6$ Pa	17,042
Siedepunkt des Gleichgewichtswasserstoffs[1])	20,28
Siedepunkt des Neons	27,102
Tripelpunkt des Sauerstoffs	54,361
Tripelpunkt des Argons	83,798
Taupunkt des Sauerstoffs	90,188
Tripelpunkt des Wassers	273,16
Siedepunkt des Wassers	373,15
Erstarrungspunkt des Zinns	505,1181
Erstarrungspunkt des Zinks	692,73
Erstarrungspunkt des Silbers	1235,08
Erstarrungspunkt des Goldes	1337,58

[1]) Der Begriff Gleichgewichtswasserstoff bedeutet, daß der Wasserstoff seine Gleichgewichtszusammensetzung von Ortho- und Parawasserstoff bei der betreffenden Temperatur haben soll.

sich besonders gut reproduzieren lassen. In Tab. 1.1 sind diese Gleichgewichtszustände und die ihnen entsprechenden Temperaturen T_{68} zusammengestellt. Sofern nicht anders angegeben, beziehen sich alle Temperaturangaben für Erstarrungs- und Siedepunkte auf einen Druck von $p_0 = 101\,325$ Pa (normaler Atmosphärendruck). Eine ausführliche Darstellung über die Verwirklichung der Temperaturfixpunkte findet man in [4].

Die Temperaturwerte T_{68} zwischen den definierenden Fixpunkten werden durch Interpolation mit dem Platin-Widerstandsthermometer (13,81 – 903,905 K) und dem Platin/Platin-Rhodium-Thermoelement (903,905 – 1337,58 K) ermittelt. Die Extrapolation über die Erstarrungstemperatur des Goldes hinaus erfolgt mit einem optischen Pyrometer unter Ausnutzung der Strahlungsgesetze des schwarzen Körpers. Um die Interpolation zwischen den definierenden Fixpunkten und die Extrapolation in den Hochtemperaturbereich zu erleichtern, enthält die IPTS-68 noch eine Reihe sogenannter sekundärer Bezugspunkte. Die entsprechenden Gleichgewichtszustände und die ihnen zugeordneten Temperaturen T_{68} sind in Tab. 1.2 zusammengestellt.

Tabelle 1.2
Sekundäre Bezugspunkte der IPTS-68 (nach [4, 6])

Gleichgewichtszustand	T_{68} (K)
Tripelpunkt des Normalwasserstoffs[1])	13,956
Siedepunkt des Normalwasserstoffs[1])	20,397
Tripelpunkt des Neons	24,561
Tripelpunkt des Stickstoffs	63,146
Siedepunkt des Stickstoffs	77,344
Siedepunkt des Argons	87,294
Tripelpunkt des Methans[2])	90,686
Tripelpunkt des Kryptons[2])	115,768
Siedepunkt des Kryptons[2])	119,797
Tripelpunkt des Xenons[2])	161,392
Siedepunkt des Xenons[2])	165,059
Sublimationspunkt des Kohlendioxids	194,674
Tripelpunkt des Kohlendioxids[2])	216,579
Tripelpunkt des Quecksilbers[2])	234,307
Erstarrungspunkt des Quecksilbers	234,314
Erstarrungspunkt (Eispunkt) des Wassers	273,15
Tripelpunkt des Diphenyläthers	300,011
Erstarrungspunkt des Galliums[2])	302,920
Tripelpunkt der Benzoesäure	395,52
Erstarrungspunkt des Indiums	429,784
Erstarrungspunkt des Wismuts	544,592
Erstarrungspunkt des Kadmiums	594,258
Erstarrungspunkt des Bleis	600,652
Siedepunkt des Quecksilbers	629,81
Siedepunkt des Schwefels	717,824
Schmelzpunkt des Kupfer-Aluminium-Eutektikums	821,41
Erstarrungspunkt des Antimons	903,905
Erstarrungspunkt des Aluminiums	933,612
Erstarrungspunkt des Kupfer-Silber-Eutektikums[2])	1052,75
Erstarrungspunkt des Kupfers	1358,03
Strahldichtetemperatur[3]) des schmelzenden Eisens bei 653 nm[2])	1670
Erstarrungspunkt des Nickels	1728
Erstarrungspunkt des Kobalts	1768
Schmelzpunkt des Eisens[2])	1808
Erstarrungstemperatur des Palladiums	1827
Strahldichttemperatur[3]) des schmelzenden Zirkoniums bei 650 nm[2])	1940
Erstarrungspunkt des Platins	2042
Schmelzpunkt des Zirkoniums[2])	2128
Erstarrungspunkt des Rhodiums	2236

Tabelle 1.2 (Fortsetzung)

Gleichgewichtszustand	T_{68} (K)
Schmelzpunkt des Aluminiumoxids (Al_2O_3)	2327
Strahldichtetemperatur[3]) des schmelzenden Niobs bei 650 nm[2])	2425
Strahldichtetemperatur[3]) des schmelzenden Molybdäns bei 653 nm[2])	2531
Erstarrungstemperatur des Iridiums	2720
Schmelzpunkt des Niobs	2750
Schmelzpunkt des Molybdäns	2896
Schmelzpunkt des Wolframs	3695

[1]) Der Begriff Normalwasserstoff bedeutet, daß der Wasserstoff die höheren Temperaturen entsprechende Gleichgewichtszusammensetzung von Ortho- und Parawasserstoff besitzt (75% Orthowasserstoff, 25% Parawasserstoff).

[2]) Sekundäre Bezugspunkte, die gegenüber der verbesserten Ausgabe der IPTS-68 von 1975 (siehe [4]) neu hinzugekommen sind (siehe [6]).

[3]) Zur Definition des Begriffs der Strahldichtetemperatur siehe Abschnitt 7.

Angaben zur Genauigkeit der definierenden Fixpunkte wie auch der sekundären Bezugspunkte werden in der verbesserten Ausgabe der IPTS-68 von 1975 nicht gemacht. In [6] gegebene Abschätzungen für die sekundären Bezugspunkte besagen, daß für Temperaturen unterhalb 1000 K die in Tab. 1.2 angegebenen T_{68}-Werte genauer als $\pm 0{,}01$ K und für Temperaturen im Bereich von 1000 bis 1400 K genauer als $\pm 0{,}1$ K sind. Oberhalb 1400 K kann der Fehler bis zu ± 10 K betragen.

1.5. Provisorische Temperaturskala von 1976 zwischen 0,5 und 30 K (EPT-76)

Die IPTS-68 definiert eine international einheitliche Temperaturskala für den Temperaturbereich oberhalb 13,81 K. Um auch unterhalb dieser Temperatur international einheitliche und vergleichbare Messungen ausführen zu können, ist vom Konsultativkomitee für Thermometrie des Internationalen Komitees für Maß und Gewicht im Jahre 1978 eine entsprechende Temperaturskala festgelegt worden, die sogenannte Provisorische Temperaturskala von 1976 zwischen 0,5 und 30 K (EPT-76). Ebenso wie die IPTS-68 basiert auch die EPT-76 auf einer Reihe von Fixpunkten, die in Tab. 1.3 zusammengestellt sind. Neben den definierenden Fixpunkten der IPTS-68 unterhalb 30 K (s. Tab. 1.1), dem in der IPTS-68 als sekundärer Bezugspunkt fungierenden Tripelpunkt des Neons (s. Tab. 1.2) und dem Siedepunkt von ^4He unter Normaldruck ($p_0 = 101\,325$ Pa) werden die Supraleitungs-

Tabelle 1.3
Fixpunkte der EPT-76

Fixpunkt	T_{76} (K)
Supraleitungssprungpunkt des Kadmiums	0,519
Supraleitungssprungpunkt des Zinks	0,851
Supraleitungssprungpunkt des Aluminiums	1,1796
Supraleitungssprungpunkt des Indiums	3,4145
Siedepunkt des Heliums (^4He)	4,2221
Supraleitungssprungpunkt des Bleis	7,1999
Tripelpunkt des Gleichgewichtswasserstoffs	13,8044
Siedepunkt des Gleichgewichtswasserstoffs bei $p = 33\,330{,}6$ Pa	17,0373
Siedepunkt des Gleichgewichtswasserstoffs	20,2734
Tripelpunkt des Neons	24,5591
Siedepunkt des Neons	27,102

sprungpunkte (definiert als die Temperatur des Übergangs zwischen dem supraleitenden und normalleitenden Zustand bei Abwesenheit eines Magnetfeldes) einiger Reinstmetalle als Fixpunkte verwendet.

Bezüglich der für die Temperaturbereiche zwischen den Fixpunkten zu verwendenden Interpolationsinstrumente enthält die EPT-76 keine Vorschriften. Es wird abgeschätzt, daß die Abweichung der EPT-76 von der thermodynamischen Temperatur für Temperaturen unterhalb 10 K kleiner als ± 1 mK ist, während für höhere Temperaturen Abweichungen bis zu ± 10 mK möglich erscheinen.

2. Gasthermometer

2.1. Zustandsgleichung von Gasen

Für ein ideales Gas, in dem die Gasteilchen keinerlei anziehende oder abstoßende Kräfte aufeinander ausüben und das Eigenvolumen der Gasteilchen gegenüber dem Gasvolumen vernachlässigbar klein ist, gilt die Zustandsgleichung

$$pV = nRT, \tag{2.1}$$

wobei n die im Volumen V enthaltene Stoffmenge in Mol, R die molare Gaskonstante und T die thermodynamische Temperatur ist. Für hinreichend niedrige Drücke und hinreichend hohe Temperaturen nähern sich alle Gase dem idealen Gaszustand, das heißt, sie lassen sich dann ebenfalls durch die Zustandsgleichung (2.1) beschreiben.

Die Beziehung (2.1) gilt unabhängig davon, aus welcher Art von Teilchen das ideale Gas besteht. Somit bietet sich unter Ausnutzung der stoffunabhängigen Zustandsgleichung des idealen Gases ein fundamentales Verfahren an, die thermodynamische Temperatur aus einer Druck- und Volumenmessung zu ermitteln. Die praktische Realisierung dieses Verfahrens erfolgt jedoch stets mit realen Gasen bei endlichen Drücken und Temperaturen. Das bedeutet, daß bei hohen Anforderungen an die Genauigkeit der Temperaturmessung die auftretenden Abweichungen vom idealen Gaszustand zu berücksichtigen sind.

Die durch Gl. (1.3) gegebene allgemeine Zustandsgleichung eines Systems kann ohne Einschränkung der Allgemeinheit auch in der Form

$$pV_{\mathrm{m}} = F'(p, V_{\mathrm{m}}, T) \tag{2.2}$$

geschrieben werden, wobei noch anstelle des Volumens V das Molvolumen $V_{\mathrm{m}} = V/n$ eingeführt wurde. Entwickelt man die rechte Seite von (2.2) nach steigenden Potenzen des Drucks p (eine Entwicklung nach steigenden Potenzen von $1/V_{\mathrm{m}}$ ist ebenfalls möglich, siehe dazu [7]),

$$pV_{\mathrm{m}} = A(T) + B(T)\,p + C(T)\,p^2 + \dots, \tag{2.3}$$

so hängen die als Virialkoeffizienten bezeichneten Entwicklungskoeffizienten A, B, C usw. nur noch von der Temperatur und der Gasart ab. Da jedes Gas für $p \to 0$ in den idealen Gaszustand übergeht, folgt mit (2.1) für den ersten Virialkoeffizienten $A(T) = RT$. Außerdem zeigt die Erfahrung, daß das Verhalten realer Gase bei nicht zu hohen Drücken ($p \leqq 10^5$ Pa) und nicht zu großer Molekülmasse bereits gut beschrieben werden kann, wenn man in (2.3) neben $A(T)$ nur noch den in p linearen Term berücksichtigt, so daß in guter Näherung

$$pV_m = RT + B(T)\,p \tag{2.4}$$

gilt. Die Größe des zweiten Virialkoeffizienten $B(T)$ läßt sich aus der Neigung gemessener pV_m-Isothermen gegen die p-Achse bestimmen.

Wir wollen jetzt unter Berücksichtigung der Zustandsgleichung (2.4) eine für die Gasthermometrie wichtige Beziehung ableiten. Dazu betrachtet man zunächst einen durch $T = T_0 = 273{,}15$ K (Eispunkt des Wassers, s. Tab. 1.2) und $p = p_0 = 101\,325$ Pa (atmosphärischer Normaldruck) gekennzeichneten Normzustand, in dem das Molvolumen des Gases den Wert $V_m = V_{m0}$ haben möge. Setzt man T_0, p_0 und V_{m0} in (2.4) ein und löst nach R auf, so erhält man

$$R = \frac{p_0 V_{m0}}{T_0}\left\{1 - \frac{B(T_0)}{V_{m0}}\right\}. \tag{2.5}$$

Ersetzt man jetzt R in (2.4) durch (2.5), so ergibt sich

$$\frac{V_m}{V_{m0}} = \frac{p_0 T}{p T_0}\left\{1 - \frac{B(T_0)}{V_{m0}} + \frac{B(T)}{V_{m0}p_0}\,\frac{T_0 p}{T}\right\}. \tag{2.6}$$

Für die linke Seite von (2.6) gilt $V_m/V_{m0} = (V/n)/(V_0/n) = V/V_0$, wenn V_0 das Gasvolumen im Normzustand ist. Das bedeutet, daß Gl. (2.6) unabhängig von der Stoffmenge ist. Wir führen jetzt die Gasdichte $\varrho_0 = m/V_0$ im Normzustand ein, wobei m die Gasmasse ist. Dann hat man $V/V_0 = \varrho_0 V/m$. Setzt man das für die linke Seite in (2.6) ein und löst nach der Gasmasse m auf, so ergibt sich

$$m = \frac{pV}{T}\left\{1 + \frac{B'(T)}{1 - p_0 B'(T_0)}\,\frac{T_0 p}{T}\right\}^{-1} \frac{\varrho_0 T_0}{p_0\,[1 - p_0 B'(T_0)]}, \tag{2.7}$$

wobei für den auf den Normzustand bezogenen zweiten Virialkoeffizienten die Abkürzung

$$B'(T) = \frac{B(T)}{p_0 V_{m0}} \tag{2.8}$$

verwendet wurde. Gl. (2.7) läßt sich noch weiter vereinfachen, wenn man die tatsächliche Größe des zweiten Virialkoeffizienten realer Gase berücksichtigt. In Abb. 2.1 sind experimentelle Kurven für $B'(T)$ für die in Gasthermometern sehr häufig verwendeten Gase Helium und Stickstoff dargestellt. Daraus ergibt sich für die in Gl. (2.7) auftretende Größe $B'(T_0)p_0$ ein Wert von $5{,}2 \cdot 10^{-4}$ für Helium und von $-4{,}4 \cdot 10^{-4}$ für Stickstoff, was gegen 1 vernachlässigt werden kann. Die ebenfalls in (2.7) vorkommende Größe

$$a(T, p) = \frac{B'(T)\, T_0 p}{T} \tag{2.9}$$

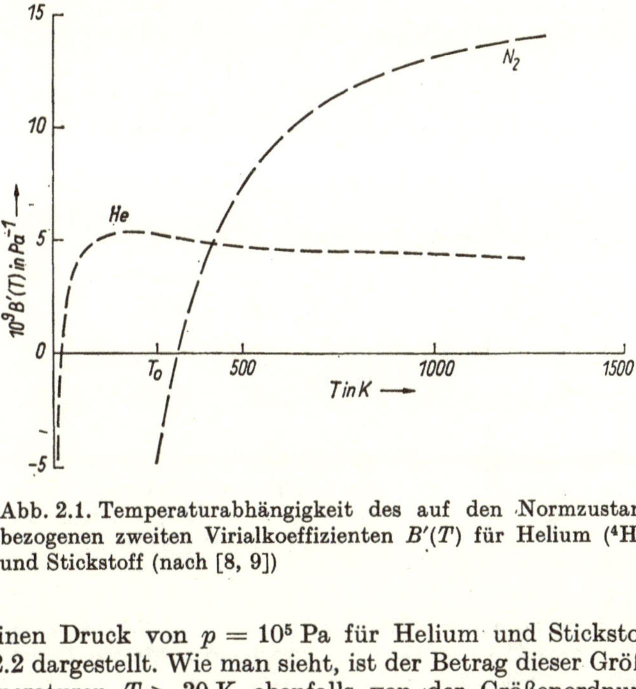

Abb. 2.1. Temperaturabhängigkeit des auf den Normzustand bezogenen zweiten Virialkoeffizienten $B'(T)$ für Helium (^{4}He) und Stickstoff (nach [8, 9])

ist für einen Druck von $p = 10^5$ Pa für Helium und Stickstoff in Abb. 2.2 dargestellt. Wie man sieht, ist der Betrag dieser Größe für Temperaturen $T > 30$ K ebenfalls von der Größenordnung 10^{-3}, so daß der Ausdruck in der geschwungenen Klammer in (2.7) nach $a(T, p)$ entwickelt werden kann. Damit ergibt sich

$$m = \frac{pV}{T} \{1 - a(T, p)\} \frac{T_0 \varrho_0}{p_0}. \tag{2.10}$$

Bei Temperaturen unterhalb etwa 25 K nimmt $a(T, p)$ für Helium

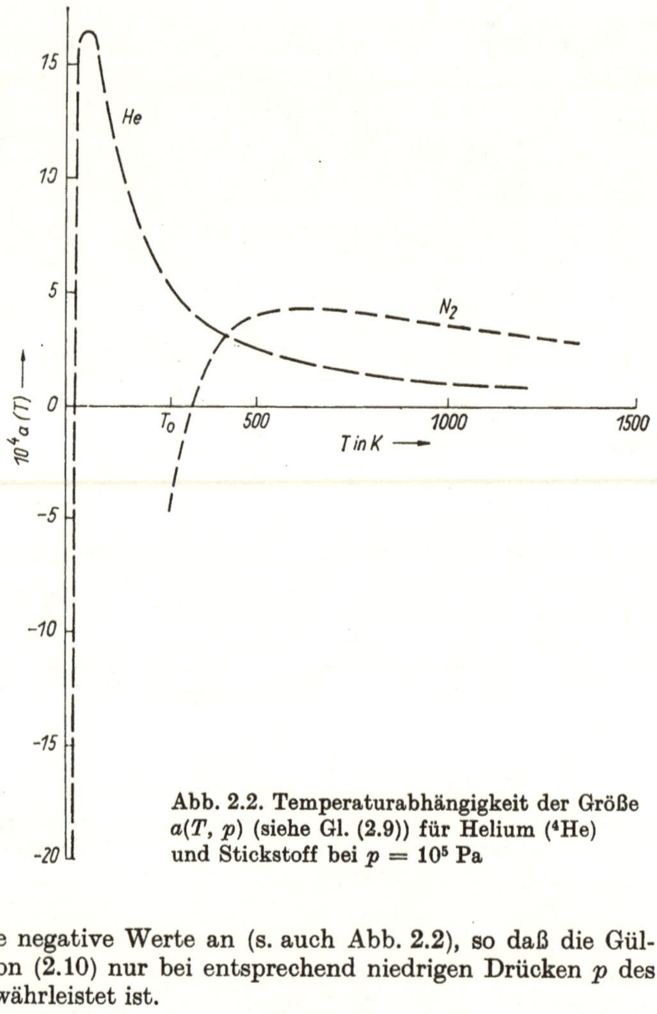

Abb. 2.2. Temperaturabhängigkeit der Größe $a(T, p)$ (siehe Gl. (2.9)) für Helium (^{4}He) und Stickstoff bei $p = 10^5$ Pa

sehr hohe negative Werte an (s. auch Abb. 2.2), so daß die Gültigkeit von (2.10) nur bei entsprechend niedrigen Drücken p des Gases gewährleistet ist.

2.2. *Prinzipielle Meßanordnung und Meßverfahren*

Die wichtigsten Teile eines Gasthermometers sind schematisch in Abb. 2.3 dargestellt. Das Gasthermometergefäß mit dem Volumen V (bis zur Marke a) befindet sich auf der zu messenden Tem-

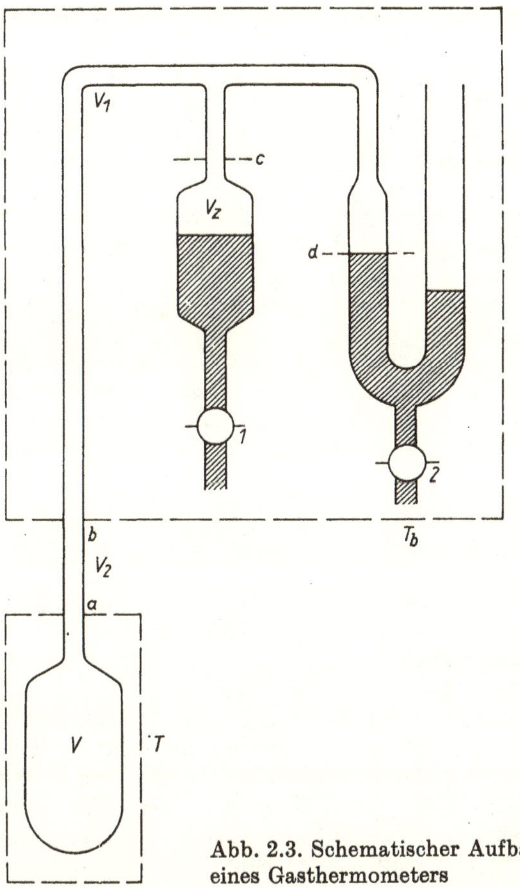

Abb. 2.3. Schematischer Aufbau eines Gasthermometers

peratur. Es ist über kapillare Leitungen mit dem durch Heben oder Senken des Quecksilberspiegels meßbar veränderlichen Volumen V_z (bis zur Marke c) und dem hier als U-Rohr-Manometer dargestellten Druckmeßgerät verbunden, in dem der Quecksilberstand im linken Schenkel stets so einzustellen ist, daß er bis zur Marke d reicht. Die Regulierung des Quecksilberstandes zur Einstellung von V_z und im Manometer erfolgt über die Ventile 1 und 2. Bei der Messung befinden sich alle Teile des Gasthermometers oberhalb der Marke b auf einer konstanten Bezugstemperatur T_b. Meist befindet sich dieser Teil des Gasthermometers in einem hinreichend genau regulierbaren Thermostaten, wobei für T_b Werte um 300 K üblich sind. Das auf T_b befindliche Gasvolumen besteht aus dem variablen Volumen V_z und dem durch die Kapillarleitungen und den quecksilberfreien Teil des linken Schenkels des U-Rohr-Manometers gebildeten schädlichen konstanten Volumen V_1. Im Volumen V_2 des Kapillarenstücks zwischen den Marken a und b (s. Abb. 2.3) wird sich ein Temperaturgefälle ausbilden. Da V_2 jedoch klein ist, wird für die in V_2 befindliche Gasmenge üblicherweise eine mittlere Temperatur T_m angenommen, wobei in erster Näherung $T_m \approx (T + T_b)/2$ gesetzt werden kann.

Bei jeder gasthermometrischen Messung werden Druck und Volumen der im Gasthermometer eingeschlossenen und damit konstanten Gasmasse m in zwei unterschiedlichen Zuständen 1 und 2 gemessen. Da die gesamte Gasmasse m, das heißt die Summe aus den Massen m_1 in V_1 und V_z, m_2 in V_2 und m_3 in V konstant bleibt, muß gelten

$$(m_1 + m_2 + m_3)_{\text{Zustand 1}} = (m_1 + m_2 + m_3)_{\text{Zustand 2}}. \quad (2.11)$$

Diese Gleichung bildet zusammen mit der Beziehung (2.10), mit der die Teilmassen m_i berechnet werden können, die Grundlage der Gasthermometrie.

Bei der Berechnung von m_2 und m_3 mit Gl. (2.10) für verschiedene Temperaturen T ist zu berücksichtigen, daß sich die Volumina V_2 und V infolge der thermischen Ausdehnung des Thermometermaterials mit der zu messenden Temperatur T ändern, das heißt, man muß $V_2(T_m)$ und $V(T)$ annehmen. Da in der Regel $V_2 \ll V$ ist, wird die Änderung von V_2 mit T_m meist vernachlässigt und etwa $V_2(T_m) = V_2(T_b) =$ konstant angesetzt.

Nimmt man jetzt an, daß der Zustand 1 durch einen Druck p_1, ein variables Volumen V_{z1}, eine Temperatur $T = T_1$ und eine mittlere Temperatur T_{m1} in V_2 charakterisiert ist, während für den Zustand 2 die entsprechenden Größen durch p_2, V_{z2}, T und T_{m2} gegeben sind, so erhält man unter Berücksichtigung von (2.10) für (2.11) die Gleichung

$$p_1 \left\{ \frac{V(T_1)}{T_1} [1 - a(T_1, p_1)] + \frac{V_1 + V_{z1}}{T_b} [1 - a(T_b, p_1)] \right.$$
$$\left. + \frac{V_2}{T_{m1}} [1 - a(T_{m1}, p_1)] \right\}$$

$$= p_2 \left\{ \frac{V(T)}{T} [1 - a(T, p_2)] + \frac{V_1 + V_{z2}}{T_b} [1 - a(T_b, p_2)] + \frac{V_2}{T_{m2}} [1 - a(T_{m2}, p_2)] \right\}, \qquad (2.12)$$

wobei bereits berücksichtigt wurde, daß sich der auf beiden Seiten von (2.12) auftretende konstante Faktor $\varrho_0 T_0/p_0$ (s. (2.10)) herauskürzt.

Da V_1, V_2, T_b und T_1 als bekannt vorausgesetzt werden können, die Temperaturabhängigkeit des Volumens $V(T)$ und die Temperatur- und Druckabhängigkeit der Größe $a(T, p)$ durch unabhängige Messungen bestimmbar und damit ebenfalls bekannt sind und schließlich V_{z1}, V_{z2}, p_1 und p_2 direkt gemessen werden, läßt sich die unbekannte und gesuchte Temperatur T aus (2.12) bestimmen, wenn man noch eine vernünftige Abschätzung über T_{m1} und T_{m2} macht. In der praktischen Temperaturmessung mit dem Gasthermometer wählt man nun nicht die durch (2.12) beschriebene allgemeinste Zustandsänderung der eingeschlossenen Gasmasse, sondern hält entweder das variable Volumen V_z, den Druck p oder die Temperatur T während der Zustandsänderung konstant.

Methode konstanten Volumens

Bei dieser am häufigsten verwendeten Methode wählt man $T_1 = T_b$ und $V_{z1} = V_{z2} = 0$, wobei letzteres dadurch erreicht wird, daß man das Zusatzvolumen entweder bis zur Marke c (s. Abb. 2.3) mit Quecksilber füllt oder bei der Konstruktion des Gasthermometers einfach wegläßt. In diesem Falle vereinfacht sich (2.12) zu

$$p_1 \left\{ \frac{V_1 + V(T_b)}{T_b} [1 - a(T_b, p_1)] + \frac{V_2}{T_{m1}} [1 - a(T_{m1}, p_1)] \right\}$$
$$= p_2 \left\{ \frac{V(T)}{T} [1 - a(T, p_2)] + \frac{V_1}{T_b} [1 - a(T_b, p_2)] + \frac{V_2}{T_{m2}} [1 - a(T_{m2}, p_2)] \right\}. \qquad (2.13)$$

Löst man (2.13) nach T auf, entwickelt alle im Nenner vorkommenden Ausdrücke der Form $1 - a(T, p)$ nach der kleinen Größe $a(T, p)$ und vernachlässigt alle in $a(T, p)$ quadratischen Korrekturterme, so erhält man schließlich

$$T = T_b \frac{p_2 V(T)}{p_1 V(T_b)} \frac{k_1}{1 - k_2} \tag{2.14}$$

mit

$$k_1 = 1 + a(T_b, p_1) - a(T, p_2) \tag{2.15a}$$

und

$$\begin{aligned} k_2 = {} & \frac{V_1}{V(T_b)} \left\{ \frac{p_2}{p_1} [1 - a(T_b, p_2) + a(T_b, p_1)] - 1 \right\} \\ & + \frac{V_2}{V(T_b)} \left\{ \frac{p_2 T_b}{p_1 T_{m2}} [1 - a(T_{m2}, p_2) + a_b(T, p_1)] \right. \\ & \left. - \frac{T_b}{T_{m1}} [1 - a(T_{m1}, p_1) + a(T_b, p_1)] \right\}. \end{aligned} \tag{2.15b}$$

Wie man aus (2.14) sieht, erfordert in diesem Falle die Bestimmung der Temperatur T nur zwei Druckmessungen, wodurch der infolge der Volumenmessung auftretende Meßfehler entfällt.

Methode konstanten Drucks

Bei diesem Verfahren wird durch Änderung des variablen Volumens V_z erreicht, daß der Druck im Gasthermometer in den beiden Zuständen 1 und 2 gleich groß ist, das heißt, es ist $p_1 = p_2 = p$. Für den Zustand 1 wählt man wie bei der Methode konstanten Volumens $T_1 = T_b$, das dem Druck p entsprechende variable Volumen sei $V_{z1} = V_{zb}$. Im Zustand 2, in dem sich das Thermometergefäß auf der gesuchten Temperatur T befindet, ergebe sich für denselben Druck p der Volumenwert $V_{z2} = V_{zT}$. Setzt man jetzt diese Größen in (2.12) ein und verfährt bei der Auflösung nach T in derselben Weise wie im vorhergehenden Fall, so erhält man schließlich

$$\begin{aligned} T = {} & T_b \frac{V(T)}{V(T_b)} \left[1 - \frac{V_{zT} - V_{zb}]}{V(T_b)}\right]^{-1} \\ & \times \frac{k_1}{1 - k_2 [1 - (V_{zT} - V_{zb}/V(T_b)]^{-1}}, \end{aligned} \tag{2.16}$$

wobei k_1 und k_2 wieder durch (2.15) gegeben sind, wenn man dort $p_1 = p_2 = p$ setzt. Dieses Verfahren ist gegenüber der Methode konstanten Volumens insofern aufwendiger, als es sowohl eine Volumenmessung als auch eine Druckmessung erfordert.

Methode konstanter Gefäßtemperatur

Bei dieser Methode wird in beiden Zuständen die Temperatur des Thermometergefäßes konstant gehalten, das heißt, im Gegensatz zu den beiden bisher behandelten Verfahren ist jetzt $T_1 = T$. Dann wählt man im Zustand 1 für das variable Volumen einen Wert $V_{z1} = V_z$, der entsprechende Druck sei p_1. Im Zustand 2 wird das variable Volumen zu Null gemacht, $V_{z2} = 0$, wobei der Druck im Gasthermometer ansteigt und etwa den Wert $p_2 > p_1$ annimmt. Für diesen Fall erhält man aus (2.12)

$$T = T_b \frac{V(T)}{V_z} \left[\frac{p_2}{p_1} - 1\right] \frac{k_1 - a(T, p_1)}{1 - k_2 V(T_b)/V_z}, \tag{2.17}$$

wobei sich k_1 und k_2 wieder aus (2.15) ergeben, wenn man dort $T_{m1} = T_{m2} = T_m$ berücksichtigt. Der Vorteil dieser Methode liegt vor allem darin, daß man die Zustände 1 und 2 in sehr kurzem Zeitabstand nacheinander realisieren kann, während man im Falle der Methoden mit konstantem Volumen und konstantem Druck zwischen den beiden Messungen stets eine längere Zeit verstreichen lassen muß, in der das Thermometergefäß die neue Temperatur annimmt.

Gasthermometer können für die Temperaturmessung im Bereich $T = 1 \cdots 1900$ K eingesetzt werden. Als Gefäßmaterial kommt für den Temperaturbereich unterhalb etwa 1300 K vor allem Quarzglas in Frage, für Temperaturen oberhalb 1300 K bis etwa 1900 K sind aus Platinlegierungen hergestellte Gasthermometer verwendet worden. Bei tiefen Temperaturen wird auch Kupfer als Gefäßmaterial eingesetzt. Die wichtigsten Füllgase sind Helium, Argon und Stickstoff.

Für die praktische Ausführung von Temperaturmessungen ist eine Vielzahl von Konstruktionsvarianten für Gasthermometer entwickelt worden, so daß diesbezüglich auf die einschlägige Literatur verwiesen werden muß ([3, 4, 10] und die dort gegebenen Hinweise auf die entsprechende Originalliteratur). Die erzielbare Meßgenauigkeit liegt üblicherweise bei etwa 10^{-2} K, kann aber bei entsprechend hohem Aufwand $10^{-3} \cdots 10^{-4}$ K erreichen.

2.3. *Fehlerquellen*

Wie man aus den Beziehungen (2.12), (2.14), (2.16) und (2.17) sieht, wird bei den Gasthermometern die Temperaturmessung auf Druck- und Volumenmessungen zurückgeführt. Die mit einem

Gasthermometer erzielbare Genauigkeit wird also ganz wesentlich davon abhängen, wie genau diese beiden Größen gemessen werden können. Es gibt jedoch noch eine Reihe weiterer Fehlerquellen, die insbesondere bei Präzisionsmessungen eine Rolle spielen und deshalb kurz erläutert werden sollen.

Die wichtigste Voraussetzung aller Überlegungen des Abschnitts 2.2. war die Konstanz der Gasmasse m in den beiden Zuständen 1 und 2 (s. Gl. (2.11)). Diese Bedingung ist aber nur dann exakt erfüllt, wenn man eine Gasadsorption an den Gefäßwänden sowie eine Gasabgabe durch das Gefäßmaterial vollständig ausschließen kann. Da jedoch beide Effekte niemals völlig eliminiert werden können und insbesondere auch eine merkliche Temperaturabhängigkeit zeigen (s. etwa [11]), muß man sich über die Größe ihres Einflusses auf das Meßergebnis vergewissern und unter Umständen entsprechende Korrekturen vornehmen.

Eine weitere Voraussetzung für die Herleitung der in Abschnitt 2.2. angegebenen Beziehungen bestand darin, daß in den Zuständen 1 und 2 nach Einstellung des Gleichgewichtszustands im gesamten Volumen des Gasthermometers überall der gleiche Druck p_1 bzw. p_2 herrscht. Diese Annahme kann aus zwei Gründen ihre Gültigkeit verlieren. Erstens kann sich im Gasthermometer ein durch das Schwerefeld der Erde bedingtes Druckgefälle einstellen. Im Falle des in Abb. 2.3 dargestellten Gasthermometers ergibt sich aus der Anzeige des U-Rohr-Manometers der Druck in der Höhe der Marke d. Dieser Druck ist kleiner als der Druck im Thermometergefäß, da zwischen den Marken d und a ein Höhenunterschied besteht. Bezeichnet man den Höhenunterschied zwischen den Marken d und a mit Δh, so ergibt sich für die Druckdifferenz $\Delta p = p$ (Marke a) $- p$ (Marke d) $= \varrho g \Delta h$, wobei ϱ die Dichte des Füllgases und g die Erdbeschleunigung ist. Die Auswirkung dieses Effekts auf die Temperaturmessung hängt wesentlich von der Versuchsanordnung ab und muß unter Umständen als sogenannte aerostatische Druckkorrektion berücksichtigt werden. Zweitens kann der KNUDSEN-Effekt zu einer Druckdifferenz zwischen den Marken a und b des in Abb. 2.3 dargestellten Gasthermometers führen. Wird eine in einem abgeschlossenen Raum vorhandene Gasmenge durch eine Scheidewand, die eine Öffnung mit dem Durchmesser d enthält, in zwei Volumina 1 und 2 getrennt, in denen unterschiedliche Temperaturen T_1 und T_2 herrschen (Abb. 2.4), so hängt das Verhältnis der Drücke p_1 und p_2 in diesen Volumina davon ab, wie groß der Öffnungsdurchmesser d im Vergleich zur mittleren freien Weglänge l der Gasteilchen ist. Es läßt sich zeigen (ausführlicher hierzu s. [7]), daß sich das Druckverhältnis zwischen den beiden Grenzfällen $p_1/p_2 = 1$ für $d/l \to \infty$ und $p_1/p_2 = (T_1/T_2)^{1/2}$ für $d/l \to 0$ bewegt. Diese als KNUDSEN-Effekt bezeichnete Erscheinung wird dazu führen, daß in dem in Abb. 2.3 dargestellten Gasthermometer zwischen den Marken a und b der nur einen geringen Durchmesser besitzenden Kapillarleitung

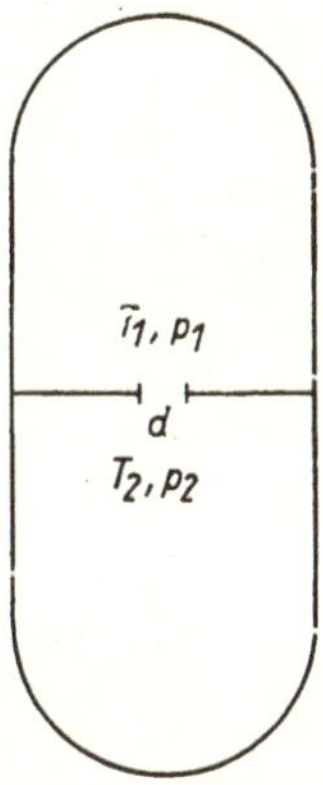

Abb. 2.4. Zum KNUDSEN-Effekt

eine Druckdifferenz entsteht, die insbesondere bei Messungen mit niedrigen Füllgasdrücken zu berücksichtigen sein wird, wenn die durch die Beziehung

$$l = \frac{kT}{4\pi\sqrt{2}\, r_s^2 p\,(1 + T_v/T)}$$

(k ist die BOLTZMANN-Konstante, r_s der gaskinetische Stoßradius für $T \to \infty$ und T_v die SUTHERLAND-Konstante) gegebene mittlere freie Weglänge der Gasteilchen (ausführlicher hierzu s. [11]) nicht mehr klein gegen den Durchmesser der Kapillaren ist.

Schließlich kann nicht nur die bereits in Abschnitt 2.2. berücksichtigte thermische Ausdehnung, sondern auch eine elastische Deformation des Gasthermometers zu einer Änderung von V und V_z führen, wenn zwischen dem Inneren des Gasthermometers und seiner Umgebung eine merkliche Druckdifferenz besteht. Diese Fehlerquelle kann auf experimentellem Wege ausgeschaltet werden, indem man das Thermometergefäß und das Gefäß für die Erzeugung des variablen Volumens mit einem zweiten Gefäß umgibt, in dem derselbe Druck erzeugt wird wie im Inneren des Gasthermometers.

3. Ausdehnungsthermometer

3.1. Thermische Ausdehnung von Flüssigkeiten und festen Körpern

Alle Flüssigkeiten und festen Körper zeigen eine mehr oder weniger ausgeprägte Änderung ihres Volumens bzw. ihrer linearen Abmessungen mit der Temperatur. Für die Beschreibung dieser Erscheinung wird der sogenannte thermische Ausdehnungskoeffizient eingeführt. Im Falle der Volumenänderung von Flüssigkeiten oder festen Körpern ist das der kubische Ausdehnungskoeffizient, der durch die Beziehung

$$\gamma = \frac{1}{V}\left(\frac{\partial V}{\partial T}\right)_p \tag{3.1}$$

definiert ist. Im Falle fester Körper wird neben dem kubischen Ausdehnungskoeffizienten noch ein linearer thermischer Ausdehnungskoeffizient eingeführt, da feste Körper eine fest vorgegebene geometrische Form haben und somit die Betrachtung einer Änderung ihrer geometrischen Abmessung in einer bestimmten Richtung sinnvoll ist. Hat der feste Körper in dieser Richtung die Länge l, so ist der lineare Ausdehnungskoeffizient in Analogie zu (3.1) durch

$$\alpha_l = \frac{1}{l}\left(\frac{\partial l}{\partial T}\right)_p \tag{3.2}$$

gegeben. Da jeder feste Körper ein dreidimensionales Gebilde ist, müssen zur vollständigen Charakterisierung seines thermischen Ausdehnungsverhaltens im allgemeinen drei lineare Ausdehnungskoeffizienten für drei voneinander unabhängige Richtungen angegeben werden. Nur für isotrope Körper hat der lineare Ausdehnungskoeffizient unabhängig von der gewählten Richtung stets dieselbe Größe. In diesem Falle gilt für den Zusammenhang zwischen kubischem und linearem Ausdehnungskoeffizienten in guter Näherung $\gamma = 3\,\alpha_l$.

Sowohl der kubische als auch der lineare Ausdehnungskoeffizient sind im allgemeinen temperaturabhängig. In festen Körpern gilt stets $\alpha_l \to 0$ (und damit auch $\gamma \to 0$) bei $T \to 0$. Für $T > 0$ werden in Abhängigkeit vom Material sehr unterschiedliche Verläufe für $\alpha_l(T)$ beobachtet, wobei nicht nur in der Form der $\alpha_l(T)$-

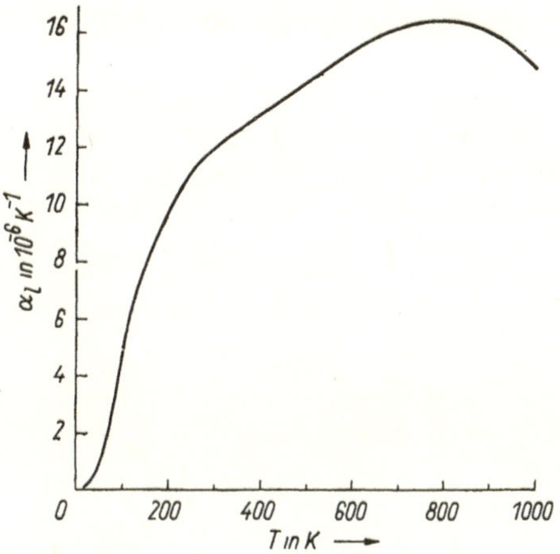

a)

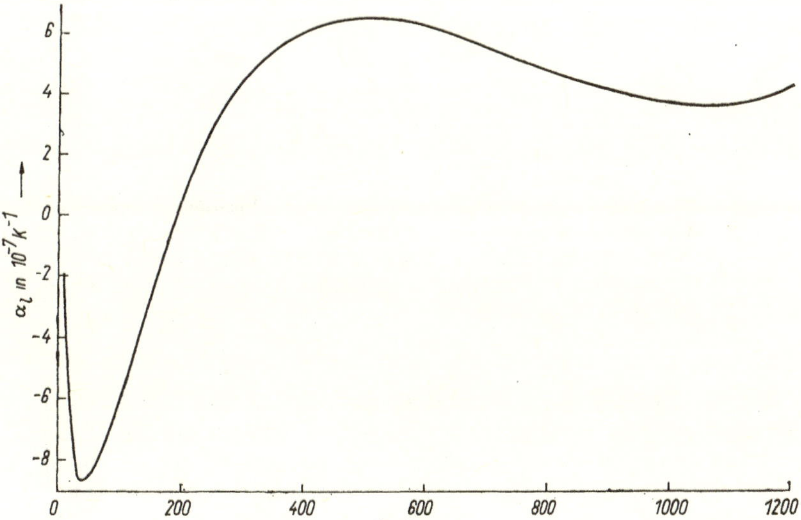

b)

Abb. 3.1. Temperaturabhängigkeit des linearen thermischen Ausdehnungskoeffizienten α_l für Eisen (a) und Quarzglas (b) (nach [12])

Kurven, sondern auch in den Absolutwerten der linearen Ausdehnungskoeffizienten beträchtliche Unterschiede auftreten können (Abb. 3.1). Nicht nur bei Quarzglas (Abb. 3.1b), sondern auch in vielen anderen Materialien sind bei tiefen Temperaturen Bereiche mit negativen $\alpha_l(T)$-Werten gefunden worden [12]. Wie die Abb. 3.2 zeigt, kann auch der kubische Ausdehnungskoeffizient von Flüssigkeiten eine merkliche Temperaturabhängigkeit aufweisen.

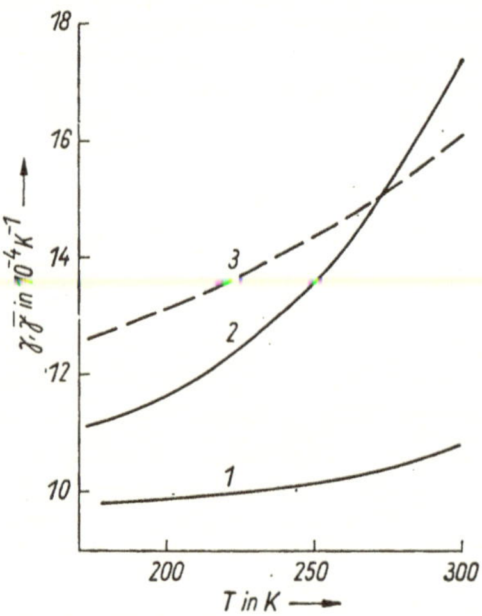

Abb. 3.2. Temperaturabhängigkeit des kubischen thermischen Ausdehnungskoeffizienten γ für Toluol (Kurve 1) und Pentan (Kurve 2) und des auf $T_0 = 273{,}15$ K bezogenen mittleren thermischen Ausdehnungskoeffizienten $\bar{\gamma}(T - T_0)$ für Pentan (Kurve 3) (nach [13])

Bei der praktischen Ausnutzung des Effekts der thermischen Ausdehnung von Flüssigkeiten oder festen Körpern für die Temperaturmessung werden Volumen- oder Längenänderungen beim Übergang von einer Temperatur T_1 zu einer anderen Temperatur T gemessen. Hat etwa eine Flüssigkeit bei der Temperatur T_1 das Volumen $V(T_1)$, so ergibt sich ihr Volumen $V(T)$ bei der Temperatur T durch Integration von (3.1) zu

$$V(T) = V(T_1) \{1 + \bar{\gamma}(T - T_1) [T - T_1]\} \tag{3.3}$$

mit

$$\bar{\gamma}(T - T_1) = \frac{1}{T - T_1} \int_{T_1}^{T} \gamma(T)\, \mathrm{d}T, \tag{3.4}$$

wobei die Größe $\bar{\gamma}(T - T_1)$ als mittlerer thermischer Ausdehnungskoeffizient bezeichnet wird. Bei bekanntem Verlauf von $\gamma(T)$ kann $\bar{\gamma}(T - T_1)$ stets durch numerische Integration berechnet werden. Sehr häufig wird jedoch für $\gamma(T)$ im interessierenden Temperaturbereich eine Potenzfunktion der Form

$$\gamma(T) = \gamma_0 + \gamma_1 T + \gamma_2 T^2 + \cdots \tag{3.5}$$

angesetzt, wobei die Koeffizienten γ_i ($i = 0, 1, 2 \ldots$) durch Anpassung bestimmt werden. Dann ist die Integration in (3.4) analytisch durchführbar und der sich ergebende Ausdruck für $\bar{\gamma}(T - T_1)$ kann in der Form

$$\bar{\gamma}(T - T_1) = \bar{\gamma}_0 + \bar{\gamma}_1(T - T_1) + \bar{\gamma}_2(T - T_1)^2 + \cdots \tag{3.6}$$

dargestellt werden, die sich für praktische Zwecke als besonders bequem erweist.

Bei Flüssigkeiten wird meist nicht $\gamma(T)$, sondern $\bar{\gamma}(T - T_1)$ durch experimentelle Messungen ermittelt. Dann folgt aus (3.4) für den kubischen Ausdehnungskoeffizienten $\gamma(T)$ die Beziehung

$$\gamma(T) = \bar{\gamma}(T - T_1) + (T - T_1) \frac{\mathrm{d}\bar{\gamma}(T - T_1)}{\mathrm{d}T}, \tag{3.7}$$

was sich besonders einfach berechnen läßt, wenn $\bar{\gamma}(T - T_1)$ vorher durch eine Potenzfunktion der Form (3.6) angepaßt worden ist.

Der mittlere thermische Ausdehnungskoeffizient $\bar{\gamma}(T - T_1)$ zeigt eine geringere Temperaturabhängigkeit als der kubische Ausdehnungskoeffizient $\gamma(T)$ (s. Abb. 3.2). Häufig ist es auch möglich, innerhalb eines bestimmten Temperaturbereichs für $\bar{\gamma}(T - T_1)$ einen konstanten Wert zu verwenden. In der Praxis wird für die Bezugstemperatur T_1 meist der Eispunkt des Wassers gewählt, $T_1 = T_0 = 273{,}15$ K, so daß die in den Beziehungen (3.3), (3.4), (3.6) und (3.7) auftretende Temperaturdifferenz gleich der CELSIUS-Temperatur $\vartheta = T - T_0$ wird (s. Abschn. 1.3).

Für den linearen Ausdehnungskoeffizienten fester Körper lassen sich wegen (3.2) analoge Beziehungen aufschreiben, die sich aus (3.3)–(3.7) ergeben, wenn man dort V durch l und γ bzw. $\bar{\gamma}$ durch α_l bzw. $\bar{\alpha}_l$ ersetzt.

3.2. *Flüssigkeitsthermometer*

3.2.1. *Prinzipieller Aufbau und Wirkungsweise*

Alle Flüssigkeitsthermometer haben den gleichen, in Abb. 3.3a schematisch dargestellten Aufbau. Das Thermometer besteht aus einem Gefäß mit dem Volumen V_0 (bis zur Marke h_0), das vollständig mit der Thermometerflüssigkeit gefüllt ist, und einer sich daran anschließenden Kapillare aus dem gleichen Material, deren Füllung mit Thermometerflüssigkeit von der Temperatur abhängt. Wir betrachten jetzt zwei Temperaturen T_1 und $T > T_1$, die einer Füllhöhe h_1 und h der Kapillaren mit

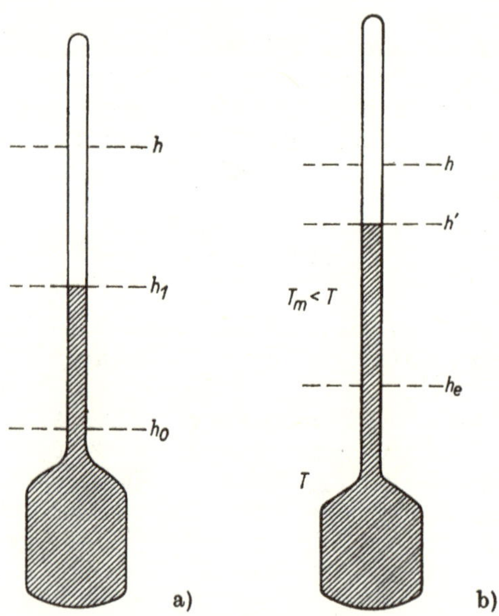

Abb. 3.3. a) Schematischer Aufbau eines Flüssigkeitsthermometers; b) Zur Fadenkorrektur

Thermometerflüssigkeit entsprechen mögen (Abb. 3.3a). Die einer Temperaturänderung von T_1 auf T entsprechende Volumenänderung der Thermometerflüssigkeit ist dann gemäß (3.3) gleich

$$V(T) - V(T_1) = \bar{\gamma}(T - T_1)\, V(T_1)\,[T - T_1]. \tag{3.8}$$

Für die Berechnung der hieraus resultierenden Änderung in der Füllhöhe der Kapillaren kann aber nun nicht einfach

$$V(T) - V(T_1) = q(h - h_1) \tag{3.9}$$

gesetzt werden (q sei der innere Querschnitt der Kapillaren), sondern es muß berücksichtigt werden, daß auch das Thermometermaterial eine thermische Ausdehnung erfährt und somit sowohl das Gefäßvolumen V_0 als auch der Kapillarenquerschnitt q eine Funktion der Temperatur sind. Somit hat man anstelle von (3.9)

$$\begin{aligned} V(T) - V(T_1) = {} & V_0(T) - V_0(T_1) \\ & + q(T)\,[h - h_0] - q(T_1)\,[h_1 - h_0] \end{aligned} \tag{3.10}$$

zu schreiben (s. Abb. 3.3a). Die beim Übergang von T_1 auf T auftretende Volumenänderung $V_0(T) - V_0(T_1)$ und Querschnittsänderung $q(T) - q(T_1)$ wird vom mittleren linearen thermischen Ausdehnungskoeffizienten $\bar{\alpha}_l(T - T_1)$ und von der Geometrie des Thermometerkörpers abhängen. In Analogie zu (3.3) kann man schreiben

$$V_0(T) - V_0(T_1) = \bar{\alpha}_l(T - T_1)\, V_0(T_1)\,[T - T_1]\, K_V, \tag{3.11a}$$

$$q(T) - q(T_1) = \bar{\alpha}_l(T - T_1)\, q(T_1)\,[T - T_1]\, K_q, \tag{3.11b}$$

wobei K_V und K_q konstante Faktoren sind, die den Geometrieeinfluß berücksichtigen. Setzt man jetzt die rechten Seiten von (3.8) und (3.10) gleich, berücksichtigt (3.11) und wählt noch für den Bezugspunkt h_0 für die Messung der Füllhöhe der Kapillaren den Wert $h_0 = 0$, so ergibt die Auflösung der entstehenden Gleichung nach der interessierenden Füllhöhendifferenz $h - h_1$ die Beziehung

$$\begin{aligned} h - h_1 = (T - T_1)\frac{V(T_1)}{q(T_1)} \Big\{ & \bar{\gamma}(T - T_1) \\ & - \bar{\alpha}_l(T - T_1)\left[\frac{hq(T_1)K_q}{V(T_1)} + \frac{V_0(T_1)K_V}{V(T_1)}\right]\Big\}. \end{aligned} \tag{3.12}$$

Da das Volumen der Kapillaren stets klein gegenüber dem Gefäßvolumen V_0 und somit $hq(T_1) \ll V_0(T_1)$ ist, kann der erste Term in der eckigen Klammer von (3.12) gegenüber dem zweiten Term vernachlässigt werden. Führt man jetzt noch die Abkürzung

$$\bar{\gamma}'(T - T_1) = \bar{\gamma}(T - T_1) - \bar{\alpha}_l(T - T_1) \frac{V_0(T_1)K_V}{V(T_1)} \tag{3.13}$$

ein, so ergibt sich schließlich aus (3.12) die einfache Relation

$$h - h_1 = (T - T_1) \frac{V(T_1)}{q(T_1)} \bar{\gamma}'(T - T_1). \tag{3.14}$$

Dieselbe einfache Beziehung zwischen $h - h_1$ und $T - T_1$ hätte man auch aus (3.8) und (3.9) erhalten, wenn man in (3.8) den mittleren kubischen Ausdehnungskoeffizienten $\bar{\gamma}(T - T_1)$ der Thermometerflüssigkeit durch den auf das Thermometermaterial reduzierten mittleren thermischen Ausdehnungskoeffizienten $\bar{\gamma}'(T - T_1)$ nach Gl. (3.13) ersetzt hätte.

Führt man jetzt noch $T_1 = T_0 = 273{,}15$ K ein, so wird aus (3.14)

$$h - h(0\,°\mathrm{C}) = \vartheta \frac{V(0\,°\mathrm{C})}{q(0\,°\mathrm{C})} \bar{\gamma}'(\vartheta). \tag{3.15}$$

Die Beziehungen (3.14) bzw. (3.15) stellen die gesuchte Verknüpfung zwischen der Temperatur der Thermometerflüssigkeit und der Füllhöhe des Flüssigkeitsthermometers dar.

Für die bisherigen Überlegungen war angenommen worden, daß sich die Thermometerflüssigkeit vollständig auf der Bezugstemperatur T_1 bzw. der zu bestimmenden Temperatur T befindet. In der Praxis kommt es nun sehr häufig vor, daß nur der untere Teil des Thermometers, etwa bis zur Marke h_e (s. Abb. 3.3b), in die Temperaturbäder mit T_1 oder T eintaucht, während sich im verbleibenden, ebenfalls noch mit Thermometerflüssigkeit gefüllten Teil der Kapillaren dann ein Temperaturgefälle ausbildet, welches durch T_1 bzw. T und die Umgebungstemperatur bestimmt wird. In diesem Falle wird die Höhe des Flüssigkeitsfadens in der Kapillaren bei einer Temperatur T nicht mehr h, sondern etwa h' sein, das heißt, man liest eine gegenüber der tatsächlich gesuchten Temperatur T geänderte Temperatur T' ab, die kleiner oder größer als T sein wird in Abhängigkeit davon, ob die Umgebungstemperatur kleiner oder größer als T ist (in

Abb. 3.3b ist der Fall T (Umgebung) $< T$ dargestellt). Die als Fadenkorrektur bezeichnete Temperaturdifferenz $\Delta T = T - T'$ läßt sich leicht abschätzen, wenn man voraussetzt, daß das Temperaturgefälle längs des herausragenden Flüssigkeitsfadens durch eine mittlere Temperatur T_m beschrieben werden kann. Dann ergibt die Anwendung von (3.14) auf das Volumen $V(T_m) = q(T_m)(h' - h_e)$ des herausragenden Flüssigkeitsfadens

$$q(T_m)(h - h') = \bar{\gamma}'(T - T_m)\, q(T_m)(h' - h_e)[T - T_m],$$

woraus man

$$\Delta T = T - T' = \bar{\gamma}'(T - T_m)[T' - T_e][T - T_m] \quad (3.16)$$

erhält, wenn h, h' und h_e durch die ihnen entsprechenden Temperaturwerte T, T' und T_e auf der Temperaturskala des Thermometers in Kelvin oder Grad Celsius ersetzt werden.

3.2.2. *Ausführungsformen*

Die bei der Herstellung von Flüssigkeitsthermometern verwendeten Thermometermaterialien und Thermometerflüssigkeiten werden durch den Temperaturbereich bestimmt, in dem das Thermometer verwendet werden soll. Für Temperaturen unterhalb etwa 900 K sind unterschiedliche Thermometergläser entwickelt worden. Der überstreichbare Temperaturbereich wird in diesem Falle nach oben dadurch begrenzt, daß die Temperaturen noch deutlich unterhalb der Erweichungstemperatur des Glases bleiben müssen, die je nach Glasart im Bereich von 750 bis 1000 K liegen kann. Der mittlere lineare Ausdehnungskoeffizient der Gläser ist ebenfalls von der Glasart abhängig und kann Werte im Bereich $\bar{\alpha}_l = 4 \cdot 10^{-5} \cdots 9 \cdot 10^{-5}\ K^{-1}$ annehmen [8]. Für Temperaturen oberhalb 900 K bis etwa 1700 K wird Quarzglas verwendet. Sein mittlerer linearer Ausdehnungskoeffizient ist sehr klein (s. Abb. 3.1b) und liegt bei etwa $5 \cdot 10^{-7}\ K^{-1}$.

Der Temperaturbereich, der mit einer bestimmten Thermometerflüssigkeit überstrichen werden kann, wird nach unten durch ihren Erstarrungspunkt und nach oben durch ihren Siedepunkt begrenzt. Einige Daten für die üblicherweise verwendeten Thermometerflüssigkeiten sind in Tab. 3.1 zusammengestellt.

Tabelle 3.1
Erstarrungstemperatur T_f, Siedetemperatur T_s (beim Normaldruck $p_0 = 101\,325$ Pa) und Einsatzbereich einiger Thermometerflüssigkeiten

Flüssigkeit	T_f (K)	T_s (K)	Einsatz-bereich (K)
Pentan (technisch rein)[1]	$\leqq 85$	309,2	85···309
Äthanol	156	351,6	160···350
Toluol	178	383,7	180···370
Quecksilber	234,3	629,8	235···1050
Gallium	302,9	≈ 2500	305···1700

[1]) Chemisch reines Pentan erstarrt bereits bei 143,5 K.

Für Temperaturmessungen im Bereich $T > 235$ K ist Quecksilber die weitaus am häufigsten eingesetzte Thermometerflüssigkeit. Die Erweiterung des Meßbereichs von Quecksilberthermometern über den Siedepunkt von $T_{s0} = 629{,}8$ K bei Normaldruck hinaus erfolgt unter Ausnutzung der die Abhängigkeit der Siedetemperatur vom Druck beschreibenden Dampfdruckkurve (s. Abschn. 1.4.), indem der obere quecksilberfreie Teil der Kapillaren des Thermometers mit einem inerten Gas (meist Argon oder Stickstoff) entsprechend hohen Drucks gefüllt wird. Damit ist es zumindest im Prinzip möglich, die obere Meßbereichsgrenze des Thermometers bis zum kritischen Punkt (s. Abb. 1.2) zu verschieben, der im Falle des Quecksilbers bei $T_{\text{krit}} = 1460$ K und $p_{\text{krit}} = 1{,}8 \cdot 10^8$ Pa liegt. Die tatsächlich erreichbare obere Temperaturgrenze von Quecksilberthermometern wird jedoch durch die Festigkeit des Thermometermaterials bestimmt und liegt bei etwa 1050 K, wo der Dampfdruck des Quecksilbers bereits etwa 10^7 Pa beträgt (s. Abb. 3.4). Der mittlere kubische Ausdehnungskoeffizient $\bar{\gamma}(T - T_0)$ des Quecksilbers ist nahezu temperaturunabhängig, er variiert von $1{,}82 \cdot 10^{-4}\,\text{K}^{-1}$ bei $T_0 = 273{,}15$ K bis $1{,}88 \cdot 10^{-4}\,\text{K}^{-1}$ bei etwa 1100 K [9]. Das ergibt gemäß (3.14) eine in erster Näherung lineare Temperaturskala.

Gegenüber den in Tab. 3.1 angegebenen organischen Thermometerflüssigkeiten besitzt Quecksilber außerdem den Vorteil, daß es Glas und Quarzglas nicht benetzt, so daß Anzeigefehler, die durch beim Abkühlen des Thermometers an den Kapillarwänden hängenbleibende Flüssigkeitsreste verursacht werden können, nicht auftreten.

Für Temperaturen oberhalb etwa 1000 K ist flüssiges Gallium als Thermometerflüssigkeit verwendet worden. Sein mittlerer kubischer Ausdehnungskoeffizient ist zwar kleiner als der des Quecksilbers und beträgt bei 1200 K etwa $9{,}7 \cdot 10^{-5}\ K^{-1}$, dafür zeigt flüssiges Gallium abér einen sehr niedrigen Dampfdruck, der erst bei etwa 2200 K einen Wert von ungefähr 10^5 Pa erreicht und im interessierenden Bereich bis etwa 1700 K unterhalb 10^3 Pa bleibt.

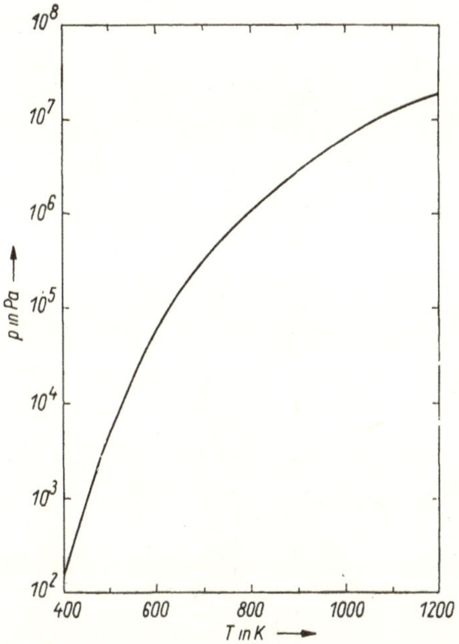

Abb. 3.4. Dampfdruckkurve des Quecksilbers (nach [8, 9])

Im Temperaturbereich unterhalb des Erstarrungspunktes von Quecksilber bei 234,3 K werden in der Regel organische Thermometerflüssigkeiten verwendet. Sie besitzen einen wesentlich größeren kubischen Ausdehnungskoeffizienten als Quecksilber (s. Abb. 3.2), der jedoch eine deutliche Temperaturabhängigkeit zeigt, so daß solche Thermometer eine nichtlineare Skala besitzen. In der Meteorologie werden häufig Flüssigkeitsthermometer mit einer Füllung aus Quecksilber-Thallium-Eutektikum (91,5% Quecksilber, 8,5% Thallium) eingesetzt. Der Erstarrungspunkt dieses Eutektikums liegt bei etwa 213 K, wodurch unter

Beibehaltung aller Vorteile des Quecksilberthermometers eine Meßbereichserweiterung nach tieferen Temperaturen möglich ist, die für meteorologische Zwecke in der Regel ausreicht.

Von der Bauform her unterscheidet man Stabthermometer und Einschlußthermometer. Das Stabthermometer besteht aus einer dickwandigen Kapillare, die gleichzeitig das Gefäß mit der Thermometerflüssigkeit enthält (Abb. 3.5a). Die Temperaturskala

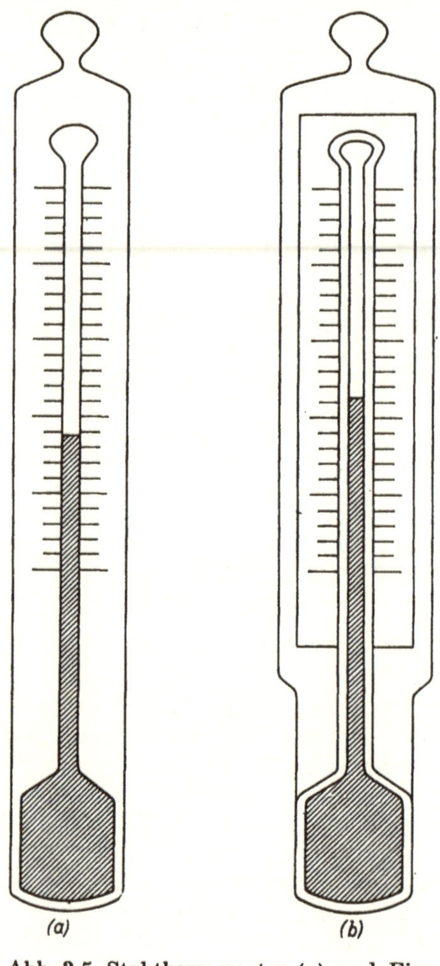

Abb. 3.5. Stabthermometer (a) und Einschlußthermometer (b)

wird direkt auf der Kapillarenoberfläche angebracht. Beim Einschlußthermometer ist eine dünnwandige Kapillare mit dem angeschmolzenen Flüssigkeitsgefäß sowie die etwa auf Milchglas aufgebrachte Teilung in ein Umhüllungsrohr eingeschlossen (Abb. 3.5b). In allen Fällen befindet sich am oberen Ende der Kapillaren eine Erweiterung, in die sich die Thermometerflüssigkeit bei Überschreitung des an sich vorgesehenen Meßbereichs ausdehnen kann.

Für verschiedene spezielle Anwendungszwecke ist eine Reihe von Sonderformen von Flüssigkeitsthermometern entwickelt worden (ausführlicher hierzu s. etwa [3, 4, 14, 15]), von denen hier nur das Einstellthermometer und das Feder- oder Druckthermometer kurz beschrieben werden sollen. Einstellthermometer werden vor allem in der Kalorimetrie eingesetzt, wo es auf die genaue Messung kleiner Temperaturdifferenzen ankommt. Diese Thermometer, von denen das BECKMANN-Thermometer am bekanntesten ist, besitzen eine nur wenige Kelvin (meist 5 K) umfassende Skala, die in Schritten von 0,01 K geteilt ist. Die hierfür erforderliche Anzeigeempfindlichkeit läßt sich gemäß (3.14) durch ein großes Flüssigkeitsvolumen V_0 und durch einen kleinen Kapillarenquerschnitt q erreichen. Um den Temperaturbereich, in dem die Temperaturdifferenzmessung erfolgen soll, variabel zu halten, kann man einen Teil der Thermometerflüssigkeit in eine schleifenförmige evakuierte Erweiterung am oberen Ende der Kapillare ausfließen lassen (Abb. 3.6). Die Temperatur, bei der die Temperaturdifferenzmessung erfolgt, ist mit einem separaten normalen Flüssigkeitsthermometer zu bestimmen.

Das Federthermometer besteht aus einem Temperaturfühler aus Stahl, der über eine Kapillare aus Stahlrohr mit einem Innendurchmesser von 0,3—0,5 mm mit einem Röhrenfedermanometer verbunden ist (Abb. 3.7). Der gesamte innere Hohlraum des Systems ist mit der Thermometerflüssigkeit (in der Regel Quecksilber) gefüllt. Wenn jetzt beispielsweise die Temperatur der Flüssigkeit im Temperaturfühler erhöht wird, steigt der Druck im Inneren der Flüssigkeit wegen der Behinderung der thermischen Ausdehnung an. Die sich dadurch ergebende Änderung in der Druckdifferenz zwischen Innen- und Außendruck wird durch das Röhrenfedermanometer angezeigt (zur Funktionsweise des Röhrenfedermanometers siehe [11]). Federthermometer werden beispielsweise in Temperaturschreibern eingesetzt, da die auftretenden Verstellkräfte groß sind und zum Antrieb eines Zeigermechanismus ausreichen.

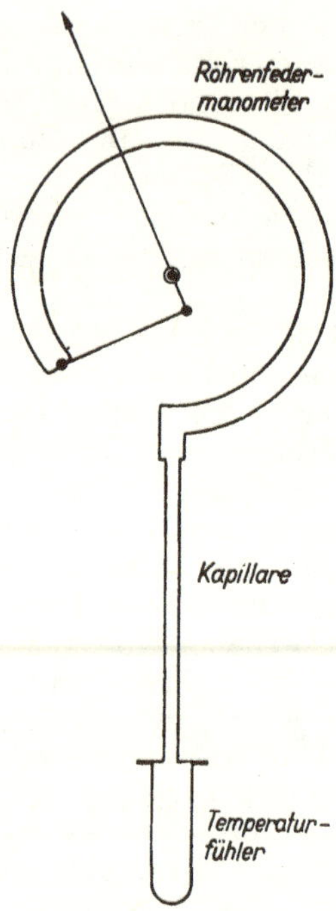

Abb. 3.7. Schematische Darstellung eines Federthermometers

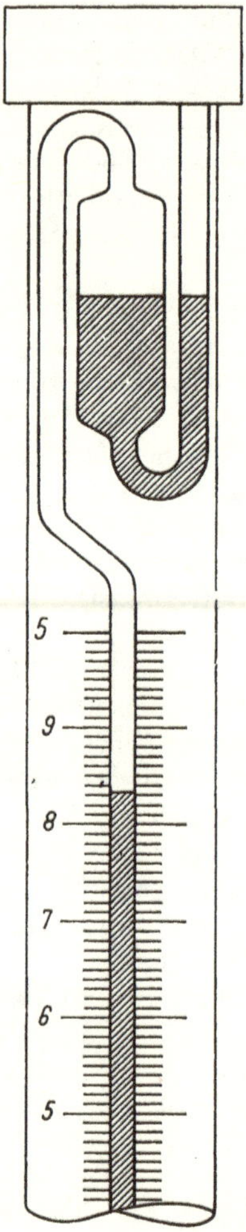

Abb. 3.6. Oberer Teil eines BECKMANN-Thermometers

3.2.3. Fehlerquellen

Zwei mögliche Fehlerquellen bei der Temperaturmessung mit Glasthermometern werden durch die thermische Nachwirkung in Glas verursacht. Glas ist ein Werkstoff, der erst sehr lange Zeit nach der Verarbeitung (das heißt nach der Abkühlung von der Erweichungstemperatur auf Raumtemperatur) zur Ruhe kommt.

Im abgekühlten Zustand zieht sich das Glas nach und nach weiter zusammen, wodurch sowohl das Volumen des Thermometergefäßes als auch der Querschnitt der Kapillaren allmählich kleiner werden. Das hat einen mit der Zeit abklingenden Anstieg der Thermometeranzeige zur Folge. Diese als säkularer Anstieg der Thermometeranzeige bezeichnete Erscheinung zieht sich über mehrere Jahre hin. Die Größe des Effekts hängt von der Glasart ab und kann durch künstliche Alterung des Thermometerglases zwar entscheidend reduziert, aber nicht vollständig beseitigt werden. Selbst bei gut gealterten Thermometern kann der säkulare Anstieg der Thermometeranzeige innerhalb der ersten 5 Jahre nach der Herstellung einige Hundertstel Kelvin pro Jahr ausmachen.

Eine andere Folge der thermischen Trägheit des Glases ist die sogenannte Eispunktdepression. Erwärmt man ein Thermometer vom Eispunkt des Wassers auf eine höhere Temperatur (etwa den Siedepunkt des Wassers) und kühlt dann rasch wieder auf den Eispunkt ab, so zeigt das Thermometer eine Temperatur unterhalb 273,15 K an. Dieser Effekt klingt nach einigen Tagen ab und ist in seiner Größe ebenfalls von der Glasart abhängig. Je nach der Größe des Temperatursprungs bei der Abkühlung kann die Eispunktdepression einige Hundertstel bis einige Zehntel Kelvin ausmachen.

Schließlich sind ebenso wie beim Gasthermometer (s. Abschn. 2.3.) elastische Volumenänderungen möglich, und zwar insbesondere dann, wenn das Thermometer im oberen flüssigkeitsfreien Raum der Kapillare mit einem Gas hohen Drucks gefüllt ist. Wird ein solches Thermometer auf eine höhere Temperatur gebracht, so verringert sich einmal das flüssigkeitsfreie Volumen der Kapillare, zum anderen steigt die Temperatur der Gasfüllung, was beides gemäß (2.4) zu einem Druckanstieg im Füllgas führt und eine elastische Deformation des Thermometerkörpers zur Folge haben kann.

3.3. *Metallausdehnungsthermometer*

Die linearen thermischen Ausdehnungskoeffizienten der Metalle sind von der Größenordnung 10^{-5} K^{-1} [12] und liegen damit um ein bis zwei Größenordnungen unterhalb der typischen Werte für den kubischen Ausdehnungskoeffizienten von Flüssigkeiten (s. Abschn. 2.3.2. und Abb. 3.2). Das bedeutet, daß die Ausnutzung der thermischen Ausdehnung fester Körper für die Temperaturmessung spezieller experimenteller Kunstgriffe bedarf und nur für die Messung hinreichend hoher Temperaturdifferenzen sinnvoll ist.

Beim Stabthermometer besteht der Temperaturfühler aus einem Metallrohr (der lineare Ausdehnungskoeffizient des Materials sei $\alpha_{l1}(T)$) und einem mit seiner Bodenplatte fest ver-

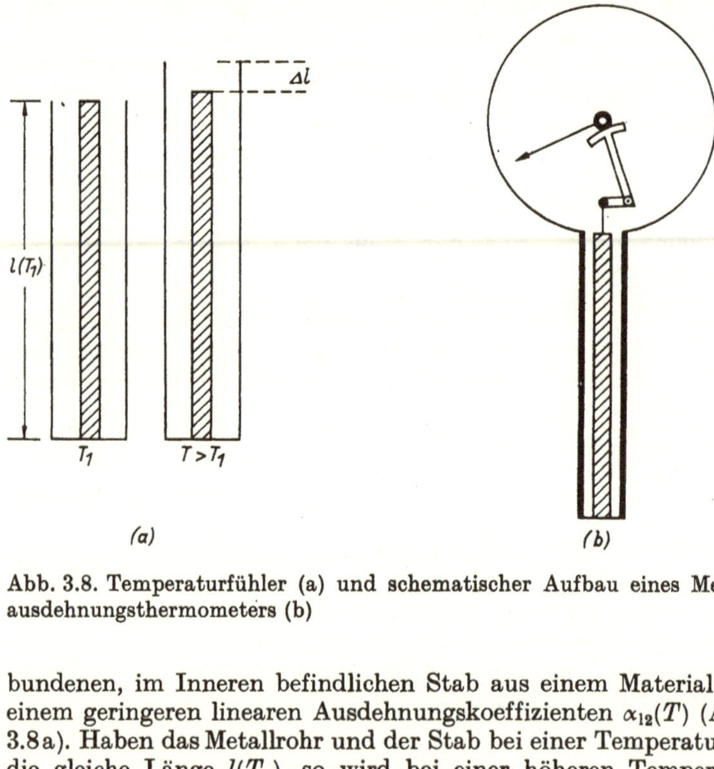

Abb. 3.8. Temperaturfühler (a) und schematischer Aufbau eines Metallausdehnungsthermometers (b)

bundenen, im Inneren befindlichen Stab aus einem Material mit einem geringeren linearen Ausdehnungskoeffizienten $\alpha_{l2}(T)$ (Abb. 3.8a). Haben das Metallrohr und der Stab bei einer Temperatur T_1 die gleiche Länge $l(T_1)$, so wird bei einer höheren Temperatur $T > T_1$ eine Längendifferenz Δl zwischen Rohr und Stab auftreten, die gemäß Abschnitt 3.1. durch

$$\Delta l = l(T_1)\,[T - T_1]\,[\bar{\alpha}_{l1}(T - T_1) - \bar{\alpha}_{l2}(T - T_1)] \quad (3.17)$$

gegeben ist, wobei $\bar{\alpha}_{l1}\,(T - T_1)$ und $\bar{\alpha}_{l2}(T - T_1)$ die analog zu (3.4) definierten mittleren linearen Ausdehnungskoeffizienten des Rohr- bzw. Stabmaterials sind. Die als Rohrmaterial in Frage kommenden Metalle (Aluminium, Nickel, Chrom-Nickel-Legierungen, Stahl) haben oberhalb 300 K sämtlich lineare Ausdehnungskoeffizienten α_{l1} (T) im Bereich von $1{,}0 \cdot 10^{-5}\,\mathrm{K}^{-1}$ bis etwa $3{,}5 \cdot 10^{-5}\,\mathrm{K}^{-1}$. Mögliche Stabmaterialien mit entsprechend niedrigeren linearen Ausdehnungskoeffizienten sind Quarzglas (s. Abb. 3.1 b), technisches Porzellan (der auf 273,15 K bezogene mittlere lineare thermische Ausdehnungskoeffizient wächst monoton von etwa $2{,}5 \cdot 10^{-6}\,\mathrm{K}^{-1}$ bei 300 K auf etwa $5{,}5 \cdot 10^{-6}\,\mathrm{K}^{-1}$ bei 1700 K) und für nicht zu hohe Temperaturen Invar (eine Legierung aus 36% Nickel und 64% Eisen mit $\alpha_l(T) \lesssim 6 \cdot 10^{-6}\,\mathrm{K}^{-1}$ bei $T \leqq 500$ K.) Bezüglich ausführlicherer Daten zu den thermischen Ausdehnungskoeffizienten der hier genannten Materialien sei der Leser auf [9, 12, 13, 16] verwiesen.

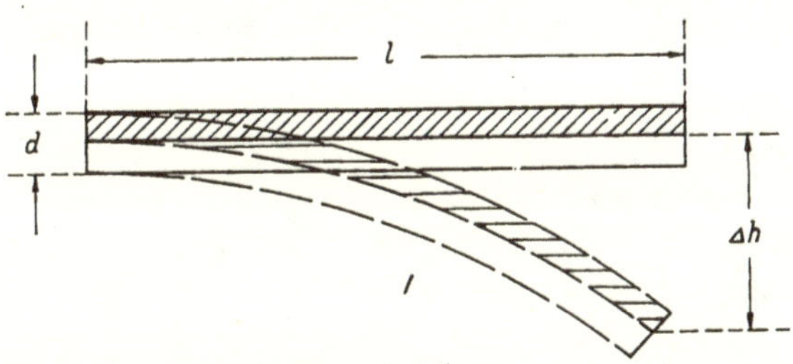

Abb. 3.9. Bimetall-Thermometer

Nimmt man jetzt an, daß der Meßfühler eine Länge von $l = 20$ cm hat, so werden sich je nach Materialkombination für die auf eine Temperaturänderung um 1 K bezogene Änderung in der Längendifferenz Werte von $\Delta l/(T - T_1) = 1 \cdot 10^{-4} \cdots 7 \cdot 10^{-4}$ cm K^{-1} ergeben. Die somit selbst bei größeren Temperaturdifferenzen $T - T_1$ klein bleibenden Werte für Δl werden über ein mechanisches Hebelsystem stark vergrößert und auf ein Anzeigesystem übertragen. Dazu wird das Metallrohr fest mit einem Gehäuse verbunden, in dessen Innerem sich das mit dem Stab mechanisch gekoppelte Hebelsystem befindet, wie das schematisch in Abb. 3.8b dargestellt ist. Abschließend sei darauf hingewiesen, daß dieses Stabthermometer nur eine Aussage über die mittlere Temperatur des Meßfühlers liefert.

Beim Bimetall-Thermometer werden zwei Metallstreifen mit möglichst unterschiedlichen linearen Ausdehnungskoeffizienten fest miteinander verlötet oder aufeinander gewalzt (Abb. 3.9).

Wird jetzt das eine Ende des geradlinigen Bimetallstreifens der Länge l und der Dicke d (s. Abb. 3.9) festgehalten und die Temperatur um ΔT geändert, so wird sich das andere Ende des Streifens auf Grund der unterschiedlichen thermischen Ausdehnungskoeffizienten der beiden Metalle senkrecht zur Streifenrichtung um einen Betrag Δh verschieben, der sich zu

$$\Delta h = a \frac{l^2}{d} \Delta T \tag{3.18}$$

ergibt. Hier ist a eine Konstante, die von den linearen Ausdehnungskoeffizienten und den elastischen Konstanten der beiden Metalle abhängt.

Sowohl beim Stabthermometer als auch beim Bimetall-Thermometer treten erhebliche mechanische Verstellkräfte auf, die zum Antrieb von Schreib- oder Regelvorrichtungen ausgenutzt werden können.

4. Dampfdruckthermometer

4.1. *Dampfdruckrelationen*

Schließt man einen reinen flüssigen Stoff in einem evakuierten Gefäß ein, so wird sich in Abhängigkeit von der Temperatur des Systems über der Flüssigkeitsoberfläche ein Sättigungsdampfdruck p einstellen, der dem Gleichgewicht zwischen flüssiger und gasförmiger Phase dieses Stoffes entspricht. Die Abhängigkeit des Dampfdruckes p von der thermodynamischen Temperatur T ist durch die Dampfdruckkurve gegeben, die im Tripelpunkt beginnt und im kritischen Punkt endet (s. Abb. 1.2). Der Zusammenhang zwischen p und T wird theoretisch durch die Clausius-Clapeyronsche Differentialgleichung

$$\frac{\mathrm{d}p}{\mathrm{d}T} = \frac{Q_\mathrm{d}}{T(V_\mathrm{mg} - V_\mathrm{mf})} \tag{4.1}$$

beschrieben, wo Q_d die molare Verdampfungswärme und V_mg und V_mf das Molvolumen der gasförmigen bzw. flüssigen Phase des Stoffes sind. Diese Gleichung läßt sich im allgemeinen nicht geschlossen integrieren, da sowohl Q_d als auch V_mg und V_mf komplizierte Funktionen der Temperatur sind.

Eine häufig verwendete Näherungsgleichung für den Zusammenhang zwischen p und T läßt sich ableiten, wenn man sich auf das Gebiet kleiner Drücke ($p < 10^5$ Pa) beschränkt. Dann gilt in der Regel $V_{mg} \gg V_{mf}$, und V_{mg} kann in guter Näherung aus der Zustandsgleichung (2.1) für das ideale Gas berechnet werden: $V_{mg} = RT/p$. Nimmt man nun noch zusätzlich an, daß die Verdampfungswärme Q_d entweder unabhängig von der Temperatur ist oder zumindest innerhalb eines gewissen Temperaturintervalls durch einen konstanten Mittelwert $\bar{Q}_d$ ersetzt werden kann, so wird aus (4.1)

$$\frac{1}{p}\frac{dp}{dT} = \frac{\bar{Q}_d}{RT^2}, \qquad (4.2)$$

woraus man

$$\ln\frac{p}{p_{trip}} = \frac{\bar{Q}_d}{R}\left(\frac{1}{T_{trip}} - \frac{1}{T}\right) \qquad (4.3)$$

erhält, wenn der Tripelpunkt mit den Koordinaten T_{trip}, p_{trip} im Phasendiagramm (Abb. 1.2) als Anfangspunkt der Integration gewählt wird. Schreibt man (4.3) als Zahlenwertgleichung, so ergibt sich die bekannte Dampfdruckgleichung

$$\ln p = A - \frac{B}{T}. \qquad (4.4)$$

Bei Drücken $p > 10^5$ Pa und Temperaturen oberhalb des Siedepunkts T_s unter Normaldruck sind jedoch die bei der Herleitung von (4.3) bzw. (4.4) gemachten Annahmen nicht mehr erfüllt. Als Beispiel ist in Abb. 4.1 die Temperaturabhängigkeit von Q_d, V_{mg} und V_{mf} für flüssigen Stickstoff dargestellt. Wie man aus Abb. 4.1a sieht, fällt Q_d zunächst etwa linear mit wachsender Temperatur ab, um dann schließlich steil gegen den für den kritischen Punkt charakteristischen Wert $Q_d(T_{krit}) = 0$ zu gehen. Aus Abb. 4.1b folgt, daß die Annahme $V_{mg} - V_{mf} = RT/p$ ebenfalls nur in einem begrenzten Temperaturbereich berechtigt ist. Bei Annäherung an den kritischen Punkt, für den $V_{mg} = V_{mf}$ wird, weicht $V_{mg} - V_{mf}$ immer mehr von RT/p ab. Berücksichtigt man die Temperaturabhängigkeit von Q_d und $V_{mg} - V_{mf}$, so zeigt sich, daß sich anstelle von (4.4) Dampfdruckrelationen der Form

$$\ln p = A - \frac{B}{T} + C\ln T + DT + ET^2 + \cdots \qquad (4.5)$$

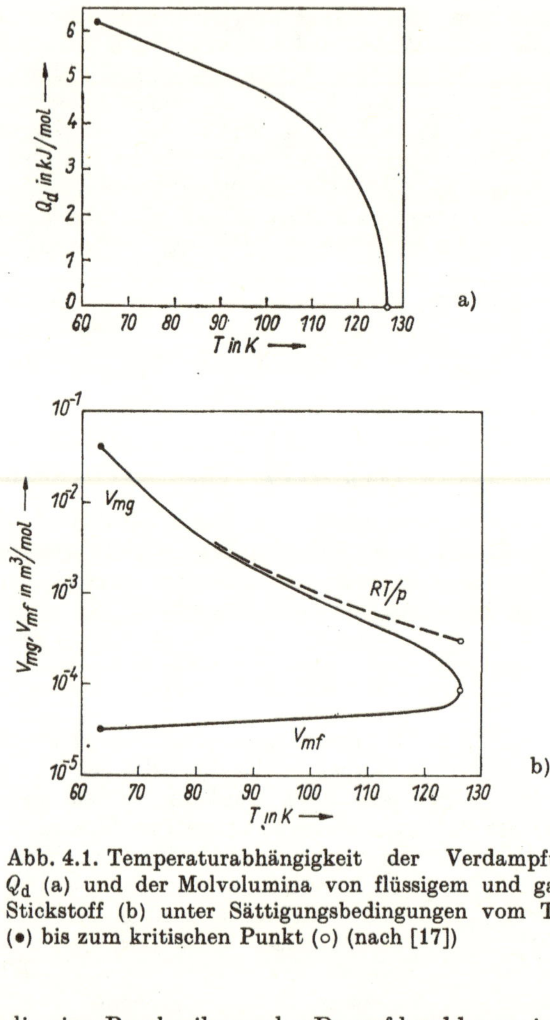

Abb. 4.1. Temperaturabhängigkeit der Verdampfungswärme Q_d (a) und der Molvolumina von flüssigem und gasförmigem Stickstoff (b) unter Sättigungsbedingungen vom Tripelpunkt (•) bis zum kritischen Punkt (○) (nach [17])

ergeben, die eine Beschreibung der Dampfdruckkurve in größeren Druckbereichen erlauben. Die in vielen konkreten Fällen gefundene Gültigkeit von (4.4) auch für Drücke $p \gtrsim 10^5$ Pa ist darauf zurückzuführen, daß bei höheren Drücken $\bar{Q}_d > Q_d$ und $RT/p > V_{mg} - V_{mf}$ gilt (s. etwa Abb. 4.1), so daß sich die bei der Herleitung von (4.4) gemachten Annahmen teilweise kompensieren können.

Die Beziehungen (4.4) oder (4.5) werden in den Dampfdruckthermometern für die Temperaturmessung ausgenutzt, wo also eine Rückführung der Temperaturmessung auf eine Druckmessung erfolgt. Der mit einer vorgegebenen Substanz überstreichbare Temperaturbereich ist dabei nach unten durch den Tripelpunkt T_{trip} und nach oben durch den kritischen Punkt T_{krit} begrenzt.

4.2. Dampfdruckthermometer für tiefe Temperaturen

Dampfdruckthermometer haben vor allem für den Temperaturbereich unterhalb $T_0 = 273{,}15$ K Bedeutung erlangt, da es bei der Verwendung hochreiner verflüssigter Gase möglich ist, sehr genaue Temperaturmessungen auszuführen. Tabelle 4.1 gibt eine Übersicht über die Tripelpunkte und kritischen Punkte dieser tiefsiedenden Flüssigkeiten. Daraus geht hervor, daß außer in den Bereichen $T = 5{,}2 \cdots 13{,}81$ K und $T = 44{,}4 \cdots 54{,}361$ K überall Dampfdruckkurven vorliegen und für die Temperaturmessung ausgenutzt werden können. Die Dampfdruckkurven einiger verflüssigter Gase sind in den Abbildungen 4.2 und 4.3 dargestellt.

Bestimmte Bereiche der Dampfdruckkurven von Wasserstoff, Neon, Sauerstoff, Stickstoff, Argon und Xenon können als sekun-

Tabelle 4.1
Temperatur- und Druckwerte für den Tripelpunkt und den kritischen Punkt verflüssigter Gase (nach [4, 6, 17])

Gas	T_{trip} (K)	p_{trip} (Pa)	T_{krit} (K)	p_{krit} (Pa)
^{3}He			3,324	$1{,}16 \cdot 10^5$
^{4}He			5,20	$2{,}29 \cdot 10^5$
e-H_2[1])	13,81	$7{,}030 \cdot 10^3$	33,0	$1{,}293 \cdot 10^6$
n-H_2[1])	13,956	$7{,}193 \cdot 10^3$	33,2	$1{,}296 \cdot 10^6$
Ne	24,561	$4{,}333 \cdot 10^4$	44,4	$2{,}654 \cdot 10^6$
O_2	54,361	$1{,}45 \cdot 10^2$	154,8	$5{,}08 \cdot 10^6$
N_2	63,146	$1{,}2523 \cdot 10^4$	126,2	$3{,}38 \cdot 10^6$
Ar	90,686	$1{,}17 \cdot 10^4$	150,7	$4{,}897 \cdot 10^6$
Kr	115,768	$7{,}32 \cdot 10^4$	209,4	$5{,}49 \cdot 10^6$
Xe	161,392	$8{,}168 \cdot 10^4$	289,74	$5{,}90 \cdot 10^6$

[1]) e-H_2 = Gleichgewichtswasserstoff; n-H_2 = Normalwasserstoff (siehe auch Fußnote zu Tab. 1.1 und 1.2)

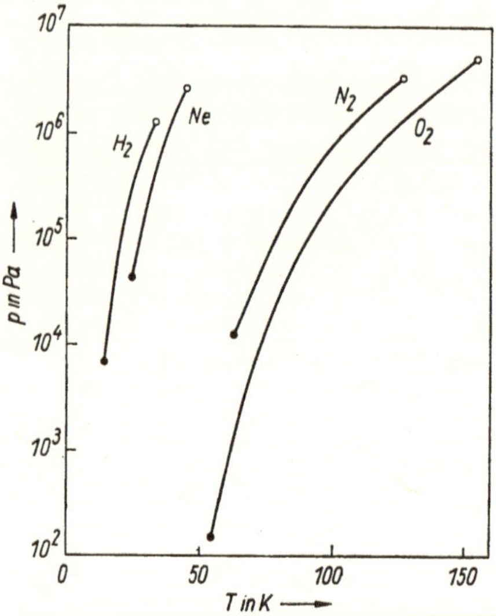

Abb. 4.2. Dampfdruckkurven von Wasserstoff, Neon, Stickstoff und Sauerstoff vom Tripelpunkt (•) bis zum kritischen Punkt (∘) (nach [9, 17])

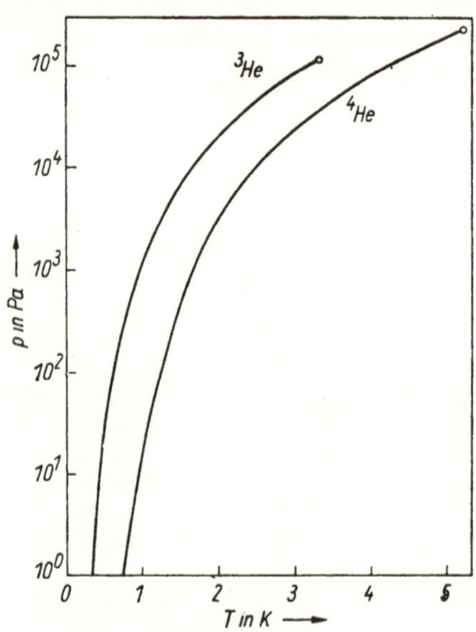

Abb. 4.3. Dampfdruckkurven von ^3He und ^4He bis zum kritischen Punkt (∘) (nach [17])

däre Bezugspunkte für die IPTS-68 (s. Abschn. 1.4.) dienen. Dazu wird die Abhängigkeit des Dampfdruckes p vom Wert T_{68} der thermodynamischen Temperatur in der IPTS-68 gemäß (4.5) durch die Relation

$$\ln \frac{p}{p_0} = A - \frac{B}{T_{68}} - C \ln \frac{T_{68}}{T_s} + DT_{68} + ET_{68}^2 \qquad (4.6)$$

dargestellt, wobei T_s die Siedetemperatur der jeweiligen Flüssigkeit beim Normaldruck $p_0 = 101325$ Pa ist. Die Konstanten A, B, C, D und E sind in Tab. 4.2 zusammengestellt, die zugehörigen Siedetemperaturen unter Normaldruck können den Tabellen 1.1 und 1.2 entnommen werden. Setzt man voraus, daß hochreine Gase verwendet werden und eine hinreichend genaue Dampfdruckmessung erfolgt, so kann die thermodynamische Temperatur auf diese Weise im Gültigkeitsbereich der Beziehung (4.6) (s. Tab. 4.2) mit einem Fehler kleiner als $\pm$ 0,02 K bestimmt werden.

Dampfdruckthermometer auf der Basis von ^{4}He und ^{3}He stellen eine wichtige Möglichkeit für Temperaturmessungen im Bereich

Tabelle 4.2
Gültigkeitsbereich und Konstanten in Gl. (4.6) (nach [4, 6])

Gas	Bereich (K)	A	B (K)
e-H_2	13,81 – 23	3,940796	101,33783
n-H_2	13,956 – 30	3,994505	102,74982
Ne	24,561 – 40	10,618417	244,96075
O_2	54,361 – 94	13,726967	1076,356664
N_2	63,146 – 84	13,569758	930,153333
Ar	83,798 – 87,294	10,593120	864,70028
Xe	161,392 – 165,054	10,71932	1667,160

Gas	C	D(10^{-2}K^{-1})	E(10^{-4}K^{-2})
e-H_2	0	5,432006	−1,10563
n-H_2	0	5,33898	−1,10563
Ne	0	−8,481135	9,78350
O_2	1,6645120	−3,042408	1,169807
N_2	2,36680	−3,288437	1,671382
Ar	0	−0,787615	0
Xe	0	−0,3747979	0

von 0,2 bis 5,2 K dar. Die Dampfdruckkurve des ^{4}He, die sich nicht durch eine zu (4.6) analoge Formel approximieren läßt, diente zur Festlegung der „^{4}He-Dampfdruckskala 1958“, T_{58}, für den Temperaturbereich von 0,5 bis 5,2 K und wurde in der ursprünglichen Ausgabe der IPTS-68 zur Ermittlung der thermodynamischen Temperatur in diesem Bereich empfohlen. Im Gegensatz zum ^{4}He kann die Dampfdruckkurve des ^{3}He im Temperaturbereich von 0,2 K bis zum kritischen Punkt bei 3,324 K geschlossen durch eine Beziehung vom Typ (4.5) dargestellt werden, wobei jedoch Glieder bis zur 4. Potenz in der Temperatur berücksichtigt werden müssen. Diese Beziehung hat die Form

$$\begin{aligned}\ln p = 9{,}69663 &- \frac{2{,}49174}{T} + 2{,}24846 \ln T \\ &- 0{,}286001T + 0{,}198608T^2 - 0{,}0502237T^3 \\ &+ 0{,}00505486T^4 \end{aligned} \tag{4.7}$$

und diente zur Festlegung der „^{3}He-Dampfdruckskala 1962“, T_{62}, im Temperaturbereich von 0,25 K bis 2,245 K, deren Anwendung ebenfalls in der ursprünglichen Ausgabe der IPTS-68 empfohlen wurde. In Gl. (4.7) ist p in Pa und T in K einzusetzen.

In der verbesserten Ausgabe der IPTS von 1975 ist kein Hinweis mehr auf die Helium-Dampfdruckskalen enthalten, da sich bei späteren Untersuchungen herausgestellt hat, daß die mit Hilfe der Helium-Dampfdruckskalen bestimmten Temperaturwerte bis zu etwa 7 mK kleiner sein können als die entsprechenden thermodynamischen Temperaturen (s. Abb. 4.4). Bei genauen Temperaturmessungen mit dem Helium-Dampfdruckthermometer müssen diese Korrekturen berücksichtigt werden.

Der Aufbau eines Dampfdruckthermometers ist schematisch in Abb. 4.5 dargestellt. Der Meßfühler besteht aus einer Metallkammer mit einem Volumen von wenigen Kubikzentimetern, das teilweise mit dem verflüssigten Gas gefüllt ist. Diese Meßkammer ist über eine Kapillare mit einem Druckmeßgerät, in der Regel einem Flüssigkeitsmanometer, verbunden. Für die Druckmessung im Bereich von 10^4 bis etwa $1{,}3 \cdot 10^5$ Pa werden U-Rohr-Manometer mit Quecksilberfüllung verwendet, bei Drücken von 10^3 bis 10^4 Pa wird das Quecksilber durch Öle mit nicht zu hohem Dampfdruck ersetzt. Bei Drücken unterhalb etwa 10^3 Pa erfolgt die Druckmessung mit dem Kompressionsmanometer nach McLeod (s. [11]).

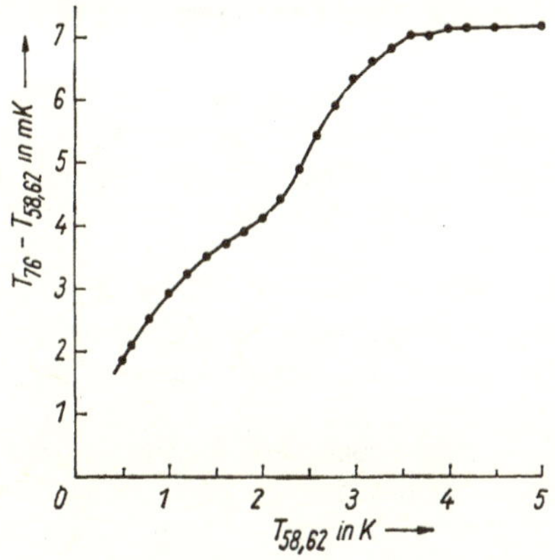

Abb. 4.4. Abweichung der Heliumdampfdruckskalen T_{58} und T_{62} von der durch die EPT-76 (T_{76}) repräsentierten thermodynamischen Temperatur (nach [10,18])

Der mit dem Manometer gemessene Druck kann sich auf Grund von zwei Fehlerquellen, die bereits bei der Behandlung des Gasthermometers ausführlich besprochen wurden (s. Abschn. 2.3.),

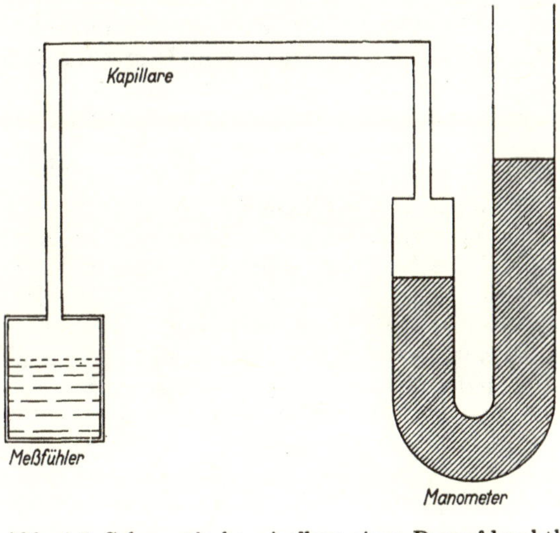

Abb. 4.5. Schematischer Aufbau eines Dampfdruckthermometers

vom Dampfdruck unmittelbar über der Oberfläche der siedenden Flüssigkeit unterscheiden. Erstens kann eine aerostatische Korrektion des Meßergebnisses erforderlich sein, wenn ein Höhenunterschied zwischen der Oberfläche der siedenden Flüssigkeit und der Flüssigkeitsoberfläche im Manometer besteht. Zweitens muß die Auswirkung des KNUDSEN-Effekts berücksichtigt werden, der zu einer Druckdifferenz zwischen Meßfühler und Manometer führen kann, wenn die mittlere freie Weglänge der Gasteilchen mit dem Durchmesser der Kapillaren vergleichbar wird. Diese Korrektion spielt insbesondere bei Helium-Dampfdruckthermometern eine Rolle.

Bezüglich einer Reihe von speziellen Aspekten, die bei der Konstruktion von Dampfdruckthermometern für Präzisionsmessungen beachtet werden müssen, sei auf die einschlägige Literatur verwiesen [4, 10].

4.3. Dampfdruckfederthermometer

Für technische Temperaturmessungen sind Dampfdruckthermometer für höhere Temperaturen bis zu etwa 600 K entwickelt worden. Sie nutzen den Bereich der Dampfdruckkurven oberhalb der Siedetemperatur T_s unter Normaldruck ($p_0 = 101\,325$ Pa) bis zum kritischen Punkt aus. Zur Messung des dann oberhalb p_0 liegenden Dampfdrucks wird wie schon beim Flüssigkeitsfederthermometer (s. Abschn. 3.2.2. und Abb. 3.7) das Röhrenfedermanometer verwendet. Der Aufbau eines solchen Dampfdruckfederthermometers ist schematisch in Abb. 4.6 dargestellt. Der Meßfühler besteht wieder aus einer teilweise mit Flüssigkeit gefüllten Metallkammer. In die Flüssigkeit hinein ragt eine Kapillare, die die Verbindung zum Röhrenfedermanometer herstellt. Die Röhrenfeder und die Kapillare sind ebenfalls mit der Flüssigkeit gefüllt, die somit zur Übertragung des sich über der Flüssigkeitsoberfläche einstellenden Dampfdrucks auf das Meßglied dient. Um ein Sieden und Verdampfen der Flüssigkeit in der Kapillare und der Röhrenfeder und damit eine Verfälschung der Anzeige zu vermeiden, muß sich der Meßfühler auf einer höheren Temperatur befinden als die Kapillarleitung und die Röhrenfeder. Wenn diese Bedingung bei der Messung nicht eingehalten werden kann, muß die Kapillare und die Röhrenfeder mit einer höher siedenden Flüssigkeit gefüllt werden. Die Druckübertragung erfolgt dann über einen Druckvermittler, etwa in Form einer elastischen

Wellrohrmembran (s. Abb. 4.6b). Unter diesen Bedingungen ist die Anzeige des Röhrenfedermanometers unabhängig von der Temperatur der Flüssigkeit im Meßwerk.

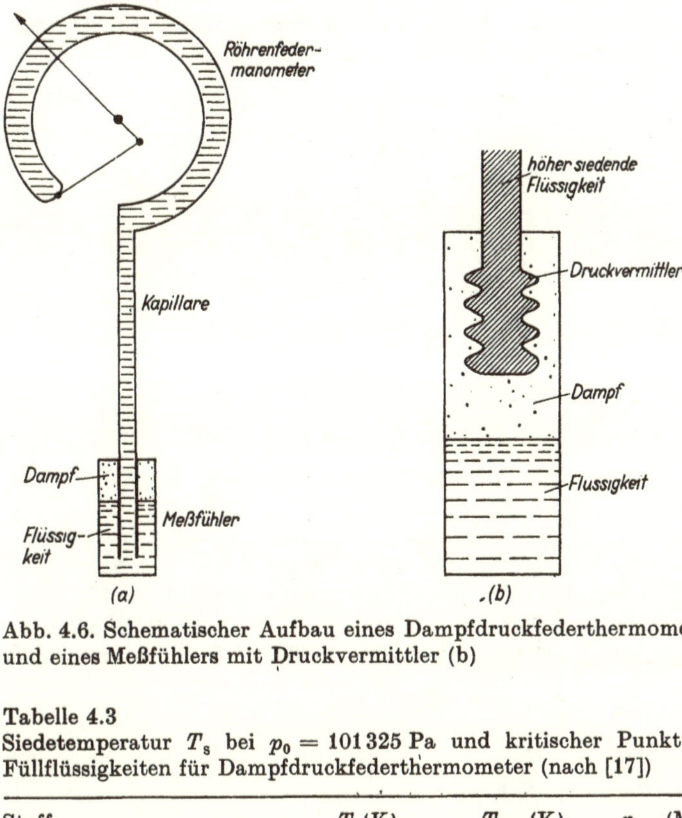

Abb. 4.6. Schematischer Aufbau eines Dampfdruckfederthermometers (a) und eines Meßfühlers mit Druckvermittler (b)

Tabelle 4.3
Siedetemperatur T_s bei $p_0 = 101\,325$ Pa und kritischer Punkt einiger Füllflüssigkeiten für Dampfdruckfederthermometer (nach [17])

Stoff	T_s(K)	T_{krit}(K)	p_{krit}(MPa)
Propan (C_3H_8)	231,1	370	4,26
Dimethyläther (C_2H_6O)	248,3	400,1	5,37
Chlormethan (CH_3Cl)	249,4	416	6,7
Pentan (C_5H_{12})	309,2	469,8	3,38
Hexan (C_6H_{14})	341,9	507,9	3,03
Äthanol (C_2H_5OH)	351,6	516	6,4
Benzol (C_6H_6)	353,3	562,1	4,92
Toluol (C_7H_8)	383,7	591,8	4,05
Xylol (C_8H_{10})	417,6	630,3	3,71

Üblicherweise verwendete Füllflüssigkeiten für Dampfdruckfederthermometer sind in Tab. 4.3 zusammengestellt. Es handelt sich durchweg um leicht verdampfende organische Flüssigkeiten mit steilen Dampfdruckkurven (Abb. 4.7). Der mit Dampfdruckfederthermometern üblicherweise überstrichene Temperaturbereich erstreckt sich von etwa 230 K bis etwa 630 K (s. auch Tab. 4.3).

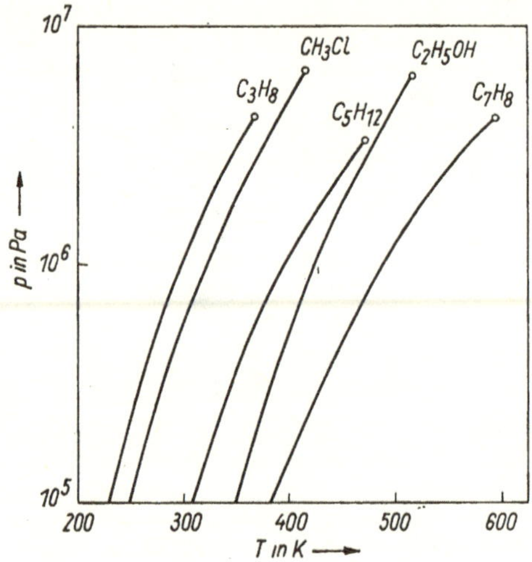

Abb. 4.7. Dampfdruckkurven von Propan, Chlormethan, Pentan, Äthanol und Toluol bis zum kritischen Punkt (○) für $p \geqq 10^5$ Pa (nach [17])

5. Widerstandsthermometer

5.1. Temperaturabhängigkeit des elektrischen Widerstands von Metallen und Halbleitern

Die elektrische Leitfähigkeit eines Stoffes läßt sich stets in der Form

$$\sigma(T) = en(T)\,\mu(T) \tag{5.1}$$

darstellen, wobei e die Elementarladung, $n(T)$ die von der Temperatur abhängige Konzentration der zur Leitfähigkeit beitragenden Ladungsträger und $\mu(T)$ die ebenfalls von der Temperatur abhängende Beweglichkeit der Ladungsträger ist.

In Metallen ist die Ladungsträgerkonzentration unabhängig von der Temperatur, so daß die Temperaturabhängigkeit der Leitfähigkeit σ bzw. des spezifischen Widerstandes $\varrho = 1/\sigma$ allein durch die Temperaturabhängigkeit der Beweglichkeit gegeben ist, die durch Stöße der Ladungsträger mit Gitterschwingungen, Fremdatomen und Defekten bestimmt wird. Berücksichtigt man zunächst nur die bei nicht zu tiefen Temperaturen stets dominierenden Stöße der Ladungsträger mit Gitterschwingungen, so findet man auf Grund theoretischer Überlegungen (ausführlicher s. hierzu [19]) für die Temperaturabhängigkeit des spezifischen Widerstandes $\varrho(T)$ von Metallen die bekannte BLOCH-GRÜNEISEN-Formel

$$\varrho(T) = C\left(\frac{T}{\Theta_D}\right)^5 \int_0^{\Theta_D/T} \frac{x^5\,dx}{(e^x - 1)(1 - e^{-x})}, \tag{5.2}$$

wobei C und Θ_D materialspezifische Konstanten sind. Die als DEBYE-Temperatur bezeichnete Größe Θ_D charakterisiert die Gitterschwingungseigenschaften des Metalls. Aus (5.2) folgt, daß das Widerstandsverhältnis

$$\frac{\varrho(T)}{\varrho(\Theta_D)} = \left(\frac{T}{\Theta_D}\right)^5 \frac{\displaystyle\int_0^{\Theta_D/T} \frac{x^5\,dx}{(e^x - 1)(1 - e^{-x})}}{\displaystyle\int_0^{1} \frac{x^5\,dx}{(e^x - 1)(1 - e^{-x})}} \tag{5.3}$$

eine für alle Metalle gültige universelle Funktion der reduzierten Temperatur T/Θ_D ist, aus der der spezifische Widerstand $\varrho(T)$ eines speziellen Metalls abgeleitet werden kann, wenn Θ_D und $\varrho(\Theta_D)$ bekannt sind. Aus (5.2) bzw. (5.3) folgt, daß für hohe Temperaturen ($T \gg \Theta_D$) $\varrho(T) \sim T$ und für niedrige Temperaturen ($T \ll \Theta_D$) $\varrho(T) \sim T^5$ wird. Aus Abb. 5.1a, in der das Widerstandsverhältnis $\varrho(T)/\varrho(\Theta_D)$ als Funktion von T/Θ_D dargestellt ist, sieht man, daß die Proportionalität $\varrho(T) \sim T$ auch schon bei niedrigeren Temperaturen (bei $T > 0{,}3\,\Theta_D$) recht gut erfüllt ist. Umfangreiche experimentelle Untersuchungen haben gezeigt, daß die Temperaturabhängigkeit des spezifischen Widerstandes sehr vieler reiner Metalle gut durch (5.2) bzw. (5.3) beschrieben werden kann.

Bei der Ausnutzung der Temperaturabhängigkeit des elektrischen Widerstandes $R(T)$ von Metallen für die Temperaturmessung wird in der Regel so verfahren, daß das Widerstandsverhältnis

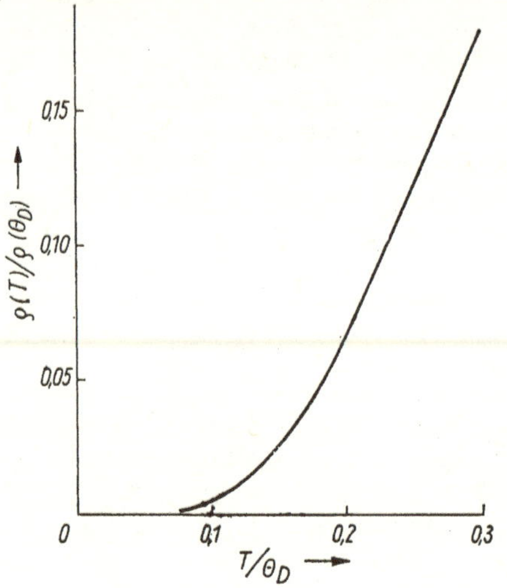

a)

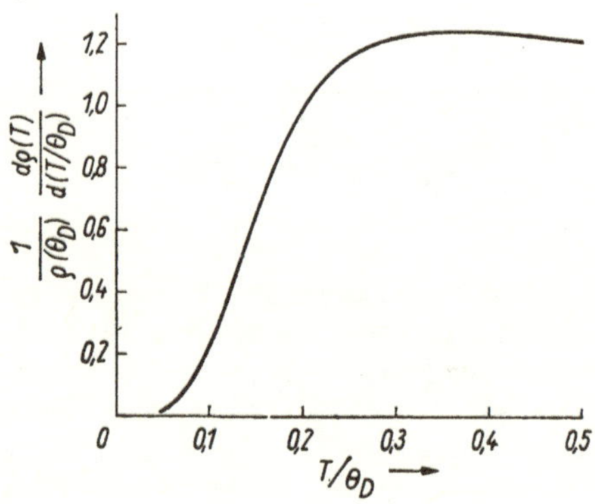

b)

Abb. 5.1. Temperaturabhängigkeit des Widerstandsverhältnisses $\varrho(T)/\varrho(\Theta_D)$ (a) und der Größe $d(\varrho(T)/\varrho(\Theta_D)]/d(T/\Theta_D)$ (b) für Metalle

$R(T)/R(T_1) = \varrho(T)/\varrho(T_1)$ experimentell bestimmt und mit der als bekannt vorausgesetzten Abhängigkeit $\varrho(T)/\varrho(T_1)$ verglichen wird. Dabei ist T_1 eine geeignet gewählte Bezugstemperatur, in der Regel der Eispunkt des Wassers ($T_1 = T_0 = 273{,}15$ K), der sich besonders einfach verwirklichen läßt. Ist Θ_D bekannt, so läßt sich $\varrho(T)/\varrho(T_0)$ im Prinzip aus (5.3) berechnen. Da jedoch alle Metalle geringe Abweichungen von (5.2) bzw. (5.3) zeigen, wird für Präzisionsmessungen $R(T)/R(T_0)$ an den Fixpunkten der IPTS-68 (s. Tab. 1.1) bestimmt und der $R(T)/R(T_0)$-Verlauf dann durch Verwendung geeigneter Beziehungen (vielfach Potenzfunktionen) approximiert.

Um die mit einem solchen Widerstandsthermometer erzielbare Meßgenauigkeit abschätzen zu können, ist die Kenntnis des durch

$$\varrho(T) = \varrho(T_0)\,[1 + \beta\,(T - T_0)] \tag{5.4}$$

definierten Temperaturkoeffizienten β des elektrischen Widerstandes wichtig, der eine Aussage darüber liefert, um welchen Betrag sich der Widerstand bei einer Temperaturänderung um 1 K ändert. Aus (5.4) folgt

$$\beta = \frac{1}{\varrho(T_0)}\,\frac{\mathrm{d}\varrho(T)}{\mathrm{d}T}, \tag{5.5}$$

woraus sich unter Berücksichtigung von (5.3)

$$\beta = \frac{\varrho(\Theta_D)}{\Theta_D\varrho(T_0)}\,\frac{\mathrm{d}[\varrho(T)/\varrho(\Theta_D)]}{\mathrm{d}(T/\Theta_D)} \tag{5.6}$$

ergibt. Hieraus sieht man, daß die Größe $\beta\Theta_D\varrho(T_0)/\varrho(\Theta_D)$ ebenfalls wieder eine universelle Funktion ist, die aus (5.3) berechnet werden kann und in Abb. 5.1b dargestellt ist. Wie man aus Abb. 5.1b entnehmen kann, ändert sich β oberhalb $T \approx 0{,}3\,\Theta_D$ nur noch wenig mit der Temperatur. Für $T < 0{,}3\,\Theta_D$ fällt β steil ab mit $\beta \to 0$ bei $T \to 0$. Daraus folgt, daß Metallwiderstandsthermometer erst oberhalb einer gewissen Temperatur eingesetzt werden können, die durch die Größe von Θ_D und des Faktors $\varrho(\Theta_D)/\Theta_D\varrho(T_0)$ in (5.6) bestimmt wird.

Die bisherigen Überlegungen gelten für reine Metalle, die keine Fremdatome und keine Defekte enthalten. Diese Voraussetzung kann niemals exakt erfüllt werden, so daß insbesondere bei tiefen Temperaturen, wo Stöße der Ladungsträger mit Fremdatomen und Defekten Bedeutung erlangen, Abweichungen vom durch (5.2) beschriebenen Verhalten von $\varrho(T)$ auftreten werden. Das führt insbesondere dazu, daß bei $T \to 0$ nicht mehr $\varrho(T) \to 0$ gilt, sondern daß auch bei $T = 0$ K ein bestimmter Restwiderstand $\varrho_R \neq 0$ existiert. Nimmt man in erster Näherung an, daß ϱ_R unabhängig von der Temperatur ist, so wird der gesamte spezifische Widerstand ϱ_G eines Metalls gleich

$$\varrho_G(T) = \varrho(T) + \varrho_R, \tag{5.7}$$

was mit (5.4) für die Temperaturabhängigkeit von ϱ_G die Beziehung

$$\varrho_G(T) = \varrho_G(T_0)\,[1 + \beta_G(T - T_0)] \tag{5.8}$$

mit

$$\beta_G = \frac{\varrho(T_0)}{\varrho(T_0) + \varrho_R}\,\beta \tag{5.9}$$

ergibt. Wie man sieht, ist $\beta_G < \beta$, was insbesondere bei tiefen Temperaturen, wo β selbst bereits klein ist (s. Abb. 5.1b), zu einer Einschränkung der Einsatzbarkeit von Metallwiderstandsthermometern führen kann.

In Halbleitern hängen sowohl die Ladungsträgerkonzentration als auch die Beweglichkeit von der Temperatur ab. Neben Stößen der Ladungsträger mit Gitterschwingungen und neutralen Fremdatomen und Defekten, die schon bei den Metallen zu berücksichtigen waren, spielen in Halbleitern Stöße mit ionisierten Fremdatomen und Defekten eine wesentliche Rolle. Stöße mit Gitterschwingungen führen zu einer mit steigender Temperatur sinkenden Beweglichkeit, während die Beweglichkeit infolge von Stößen mit neutralen Objekten nur eine schwache Temperaturabhängigkeit zeigt und in guter Näherung als temperaturunabhängig angesehen werden kann. Berücksichtigt man noch Stöße mit ionisierten Fremdatomen und Defekten, die zu einer mit fallender Temperatur sinkenden Beweglichkeit führen, so ergibt sich für einen Halbleiter der in Abb. 5.2 schematisch dargestellte Beweglichkeitsverlauf. Die Größe der Beweglichkeit, die Lage des Beweglichkeitsmaximums sowie der Kurvenverlauf bei tiefen Temperaturen hängen dabei ganz wesentlich von der Konzentration der ionisierten Fremdatome und Defekte sowie der Ladungsträgerkonzentration ab (ausführlicher hierzu s. [20, 21]). Für die Temperaturabhängigkeit der Ladungsträgerkonzentration

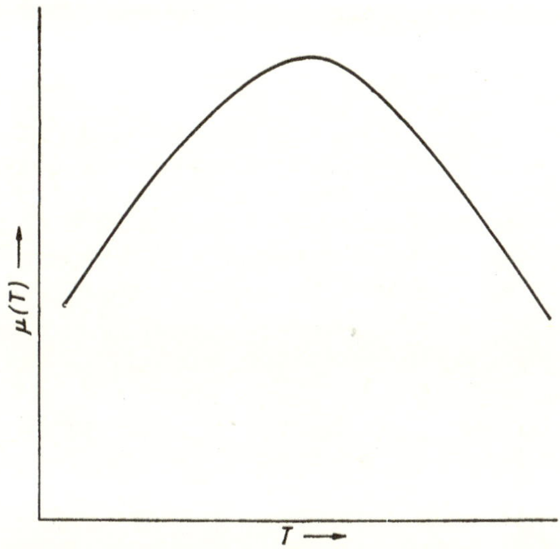

Abb. 5.2. Schematischer Verlauf der Ladungsträgerbeweglichkeit in einem dotierten Halbleiter

in einem Halbleiter gilt ganz allgemein die Beziehung

$$n(T) = n_0 T^{3/2} F_{1/2}(E_F/kT), \tag{5.10}$$

wobei n_0 eine Materialkonstante, k die BOLTZMANN-Konstante und E_F die FERMI-Energie ist und die Funktion $F_{1/2}(z)$ durch

$$F_{1/2}(z) = \int_0^\infty \frac{x^{1/2}}{e^{x-z} + 1} \, dx \tag{5.11}$$

gegeben ist. Für den Grenzfall hoher Entartung des Ladungsträgergases ($z > 20$), der auch in Metallen vorliegt, erhält man aus (5.11)

$$F_{1/2}(z) \approx \frac{2}{3} z^{3/2} \tag{5.12}$$

und damit wegen $z = E_F/kT$ und (5.10) eine von der Temperatur unabhängige Ladungsträgerkonzentration. Für den anderen Grenzfall der Nichtentartung des Ladungsträgergases ($z < -4$)

ergibt sich aus (5.11) die Beziehung

$$F_{1/2}(z) \approx \Gamma\left(-\frac{1}{2}\right) e^z \tag{5.13}$$

und damit gemäß (5.10) eine nahezu exponentielle Abhängigkeit der Ladungsträgerkonzentration von der Temperatur. In dem dazwischen liegenden Gebiet $-4 < z < 20$ muß die allgemeine Beziehung (5.11) verwendet werden, der Verlauf der Funktion $F_{1/2}(z)$ für diesen Wertebereich ist in Abb. 5.3 dargestellt. Die Tem-

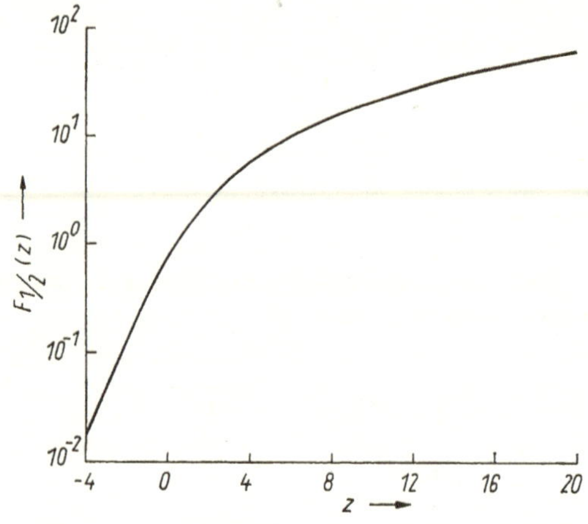

Abb. 5.3. Abhängigkeit der Funktion $F_{1/2}(z)$ von der reduzierten FERMI-Energie $z = E_F/kT$

peraturabhängigkeit $n(T)$ der Ladungsträgerkonzentration ist aber nun nicht allein durch (5.10) und (5.11) bzw. die entsprechenden Näherungsformeln (5.12) oder (5.13) gegeben, sondern es muß auch noch die Temperaturabhängigkeit von E_F berücksichtigt werden. Die FERMI-Energie E_F ergibt sich aus der Neutralitätsbedingung für den Halbleiter (Zahl der negativen Ladungsträger + Zahl der negativen Fremdionen und Defekte = Zahl der positiven Ladungsträger + Zahl der positiven Fremdionen und Defekte) und kann zu unter Umständen sehr komplizierten Temperaturabhängigkeiten für E_F führen (ausführlicher hierzu s. [22]). Nur in einigen Sonderfällen ergibt sich eine von der Temperatur unabhängige FERMI-Energie und damit eine einfache Temperaturabhängigkeit der Ladungsträgerkonzentration $n(T)$, für die die Funktion $F_{1/2}(z)$ (Abb. 5.3 bzw. (5.12) und (5.13)) wegen der Konstanz von E_F bereits die gesuchte Temperaturabhängigkeit von $n(T)$ (5.10) liefert. Damit ist klar, daß die reproduzierbare Herstellung von Widerstandsthermometern auf Halbleiterbasis, die ganz wesentlich die Temperaturabhängigkeit der Ladungsträgerkonzentration ausnutzen, eine sehr genaue Kontrolle der Dotierung mit elektrisch aktiven Fremdatomen erfordert.

5.2. *Platin-Widerstandsthermometer*

Platin ist das für Widerstandsthermometer am häufigsten verwendete Metall, da es gegenüber anderen Metallen eine Reihe von Vorteilen besitzt. Es kann sehr rein hergestellt werden, hat einen hohen Schmelzpunkt (2042 K) und ist auch bei hohen Temperaturen noch sehr korrosionsbeständig. Außerdem läßt es sich gut zu Drähten mit dem für die Herstellung von Widerstandsthermometern erforderlichen Durchmesser verarbeiten. Besondere Bedeutung hat das Platin-Widerstandsthermometer auch dadurch erlangt, daß es zur Verwirklichung der IPTS-68 im Temperaturbereich von 13,81 K bis zum Erstarrungspunkt des Antimons bei 903,905 K dient, wobei künftig eine Erweiterung des Temperaturbereichs bis zum Erstarrungspunkt des Goldes (1337,58 K) möglich erscheint. Auch für die Messung tiefer Temperaturen bis herunter zu etwa 2 K sind Platin-Widerstandsthermometer eingesetzt worden.

Das Widerstandsverhältnis

$$W(T) = \frac{R(T)}{R(T_0)} = \frac{\varrho(T)}{\varrho(T_0)} = 1 + \beta\,(T - T_0), \tag{5.14}$$

das für die Temperaturmessung als Funktion der Temperatur bekannt sein muß (s. Abschn. 5.1.), ist für reines Platin über einen großen Temperaturbereich gemessen worden (s. etwa **[9]**). Der daraus resultierende Verlauf für den Temperaturkoeffizienten β ist in Abb. 5.4 dargestellt. Für $T > T_0$ zeigt β einen schwachen Abfall mit wachsender Temperatur, der gut durch eine lineare Funktion approximiert werden kann. Dementsprechend wird in der IPTS-68 das Widerstandsverhältnis $W(T_{68})$ durch ein Polynom zweiten Grades beschrieben, welches meist in der Form

$$W(\vartheta_{68}) = 1 + \alpha \left[\vartheta' - \delta \left(\frac{\vartheta'}{100}\right)\left(\frac{\vartheta'}{100} - 1\right)\right] \tag{5.15}$$

angegeben wird, wobei $\vartheta = T - T_0$ die CELSIUS-Temperatur ist (s. Abschn. 1.3.). Die in (5.15) auftretenden Konstanten α und δ sind durch Anschluß an den Siedepunkt des Wassers und den Erstarrungspunkt des Zinks (s. Tab. 1.1) zu bestimmen und haben für sehr reines Platin die Werte $\alpha = 0{,}003926\ \mathrm{K}^{-1}$ und $\delta = 1{,}4963\ \mathrm{K}$. Die aus (5.15) ermittelte Temperatur ϑ' zeigt

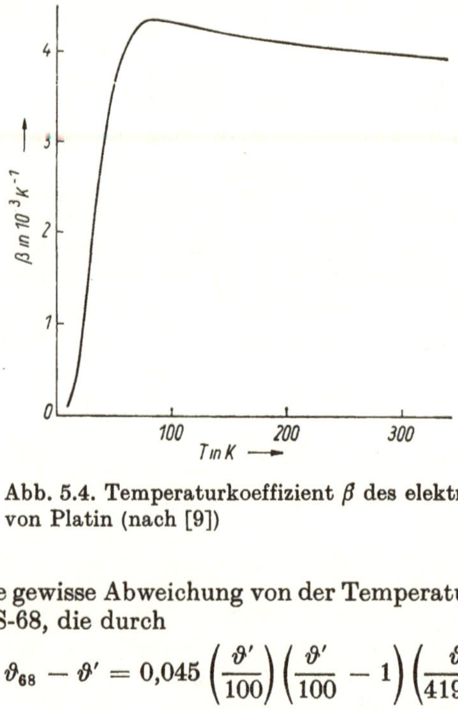

Abb. 5.4. Temperaturkoeffizient β des elektrischen Widerstands von Platin (nach [9])

noch eine gewisse Abweichung von der Temperatur $\vartheta_{68} = T_{68} - T_0$ der IPTS-68, die durch

$$\vartheta_{68} - \vartheta' = 0{,}045 \left(\frac{\vartheta'}{100}\right)\left(\frac{\vartheta'}{100} - 1\right)\left(\frac{\vartheta'}{419{,}58} - 1\right) \times \left(\frac{\vartheta'}{630{,}74} - 1\right) \tag{5.16}$$

gegeben ist. Wie man aus Abb. 5.5a sieht, ist im betrachteten Temperaturintervall $|\vartheta_{68} - \vartheta'| < 0{,}05\ \mathrm{K}$, so daß ϑ' für viele prak-

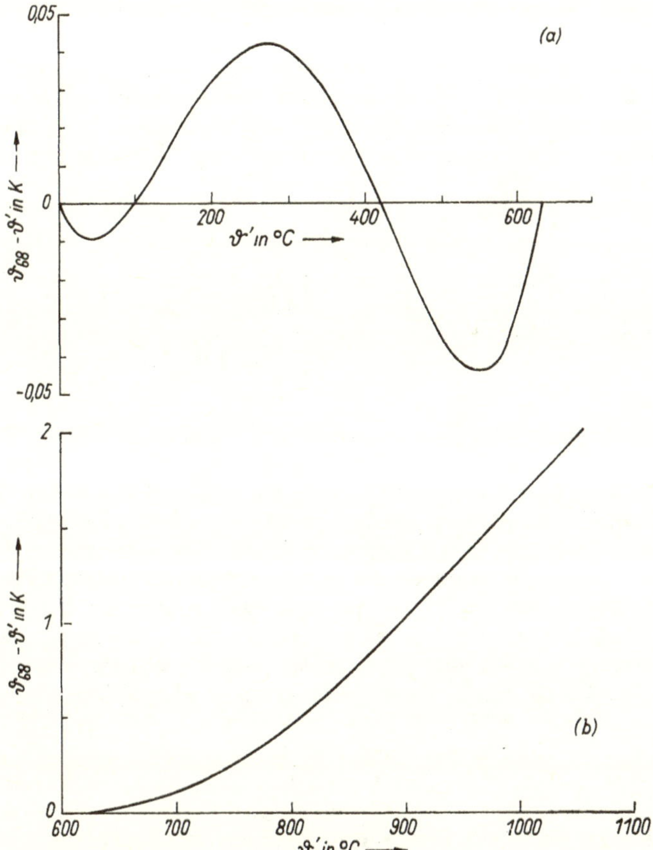

Abb. 5.5. Abweichung der mit Gl. (5.15) ermittelten Temperatur ϑ' von der Temperatur ϑ_{68} der IPTS-68

tische Zwecke bereits eine gute Näherung für ϑ_{68} darstellt. Nach [4] können die Beziehungen (5.15) und (5.16) auch zur Bestimmung von ϑ_{68} für Temperaturen bis zum Erstarrungspunkt des Goldes (s. Tab. 1.1) verwendet werden, wenn man zur Ermittlung von ϑ_{68} aus ϑ' die rechte Seite von (5.16) noch mit dem Faktor $[1 - 0{,}59\,(\vartheta'/1064{,}43)^3]$ multipliziert. Die dann resultierende Abweichung $\vartheta_{68} - \vartheta'$ ist in Abb. 5.5b dargestellt.

Im Temperaturbereich von 90 K bis 273,15 K, wo der Temperaturkoeffizient des Widerstands ebenfalls nur eine relativ geringe Änderung mit der Temperatur zeigt (s. Abb. 5.4), kann β mit einer für die meisten praktischen Zwecke ausreichenden Genauigkeit durch ein Polynom dritten Grades approximiert werden. Um den Anschluß an die Beziehung (5.15) für den Temperaturbereich $T > 273{,}15$ K zu erleichtern, wird das Widerstandsverhältnis häufig in der Form

$$W(\vartheta) = 1 + \alpha \left[\vartheta - \delta \left(\frac{\vartheta}{100}\right)\left(\frac{\vartheta}{100} - 1\right) - \gamma \left(\frac{\vartheta}{100}\right)^3 \left(\frac{\vartheta}{100} - 1\right)\right] \tag{5.17}$$

geschrieben. Die Konstanten α und δ haben dieselben Werte wie im Falle der Gl. (5.15), während γ am Taupunkt des Sauerstoffs zu bestimmen ist. Für reines Platin ergibt sich $\gamma = 0{,}1111$.

Auch für den Temperaturbereich unterhalb 90 K sind verschiedene Versuche unternommen worden, das Widerstandsverhältnis $W(T)$ durch Polynome oder andere möglichst einfache Funktionen zu approximieren (s. [4, 23] und weitere dort zitierte Literatur), jedoch gelten die von verschiedenen Autoren angegebenen Beziehungen stets nur für relativ begrenzte Temperaturbereiche, so daß sich keine dieser Relationen in der Praxis durchgesetzt hat. Auch die Bloch-Grüneisen-Formel (5.2) bzw. (5.3) reicht für eine hinreichend genaue Beschreibung des Widerstandsverhältnisses $W(T)$ nicht aus, sondern muß durch temperaturabhängige Korrekturfaktoren ergänzt werden. Da außerdem die mit Gl. (5.17) ermittelten Temperaturen gewisse Abweichungen von der etwa mit Gasthermometern gemessenen Temperatur zeigen, erfolgt die Festlegung der Beziehung zwischen der Temperatur T_{68} und dem Widerstandsverhältnis $W(T_{68})$ in der IPTS-68 für den Temperaturbereich von 13,81 K bis 273,15 K mit Hilfe einer Bezugstabelle, die auszugsweise in Tab. 5.1 angeführt ist (eine ausführlichere Tabelle mit Temperaturschritten von jeweils 1 K findet man in [4]). Die Berechnung des mit $W_{\text{CCT-68}}(T_{68})$ bezeichneten Widerstandsverhältnisses dieser Bezugstabelle erfolgte mit Hilfe der Funktion

$$T_{68} = \sum_{i=0}^{20} A_i \left[\ln W_{\text{CCT-68}}(T_{68})\right]^i, \tag{5.18}$$

Tabelle 5.1
Werte für das mit Gl. (5.18) berechnete Widerstandsverhältnis $W_{CCT-68}(T_{68})$

T_{68}(K)	$W_{CCT-68}(T_{68})$	T_{68}(K)	$W_{CCT-68}(T_{68})$
13	0,0012306	145	0,4776968
15	0,0017454	150	0,4986113
20	0,0042778	155	0,5194673
25	0,0092551	160	0,5402679
30	0,0171677	165	0,5610160
35	0,0280765	170	0,5817142
40	0,0417197	175	0,6023648
45	0,0576449	180	0,6229697
50	0,0753776	185	0,6435309
55	0,0944752	190	0,6640500
60	0,1145531	195	0,6845282
65	0,1353036	200	0,7049670
70	0,1564954	205	0,7253673
75	0,1779612	210	0,7457303
80	0,1995821	215	0,7660567
85	0,2212752	220	0,7863476
90	0,2429832	225	0,8066035
95	0,2646672	230	0,8268253
100	0,2863020	235	0,8470136
105	0,3078718	240	0,8671689
110	0,3293677	245	0,8872920
115	0,3507852	250	0,9073831
120	0,3721233	255	0.9274429
125	0,3933832	260	0,9474715
130	0,4145671	265	0,9674693
135	0,4356783	270	0,9874364
140	0,4567203	273	0,9994020

die den experimentellen Verlauf des Widerstandsverhältnisses mit der erforderlichen Genauigkeit wiedergibt. Die in Tab. 5.2 angegebenen 21 Konstanten A_i der Gl. (5.18) wurden durch Anpassung von (5.18) an 166 ausgewählte Werte für das Widerstandsverhältnis im Temperaturbereich von 13,81 K bis 273,15 K ermittelt (ausführlicher hierzu s. [24]). Die Gl. (5.18) geht stetig in die Beziehungen (5.15) und (5.16) für $T > 273{,}15$ K über, wenn dort $\alpha = 0{,}0039259668\ \mathrm{K}^{-1}$ und $\delta = 1{,}496334$ K gesetzt wird.

In Abb. 5.6 ist die unter Verwendung der Tab. 5.1 berechnete Abweichung der mit Gl. (5.17) bestimmten Temperatur T von der Temperatur T_{68} dargestellt. Wie man sieht, gilt im Temperatur-

Tabelle 5.2
Werte für die Konstanten A_i (in K) in Gl. (5.18)

i	A_i	i	A_i
0	$0{,}273\,15 \cdot 10^3$	11	$0{,}767\,976\,358\,170\,845\,8 \cdot 10^1$
1	$0{,}250\,846\,209\,678\,803\,3 \cdot 10^3$	12	$0{,}213\,689\,459\,382\,850\,0 \cdot 10^1$
2	$0{,}135\,099\,869\,964\,999\,7 \cdot 10^3$	13	$0{,}459\,843\,348\,928\,069\,3.$
3	$0{,}527\,856\,759\,008\,517\,2 \cdot 10^2$	14	$0{,}763\,614\,629\,231\,648\,0 \cdot 10^{-1}$
4	$0{,}276\,768\,548\,854\,105\,2 \cdot 10^2$	15	$0{,}969\,328\,620\,373\,121\,3 \cdot 10^{-2}$
5	$0{,}391\,053\,205\,376\,683\,7 \cdot 10^2$	16	$0{,}923\,069\,154\,007\,007\,5 \cdot 10^{-3}$
6	$0{,}655\,613\,230\,578\,069\,3 \cdot 10^2$	17	$0{,}638\,116\,590\,952\,653\,8 \cdot 10^{-4}$
7	$0{,}808\,035\,868\,559\,866\,7 \cdot 10^2$	18	$0{,}302\,293\,237\,874\,619\,2 \cdot 10^{-5}$
8	$0{,}705\,242\,118\,234\,052\,0 \cdot 10^2$	19	$0{,}877\,551\,391\,303\,760\,2 \cdot 10^{-7}$
9	$0{,}447\,847\,589\,638\,965\,7 \cdot 10^2$	20	$0{,}117\,702\,613\,125\,477\,4 \cdot 10^{-8}$
10	$0{,}212\,525\,653\,556\,057\,8 \cdot 10^2$		

bereich von 84 K bis 273,15 K stets $|T_{68} - T| < 0{,}04$ K, so daß Gl. (5.17) eine für viele praktische Zwecke ausreichende Genauigkeit in der Temperaturbestimmung garantiert. Bei Temperaturen unterhalb 84 K ist stets die Tab. 5.1 bzw. die Gl. (5.18) zur Ermittlung der Temperatur aus dem gemessenen Widerstandsverhältnis zu verwenden.

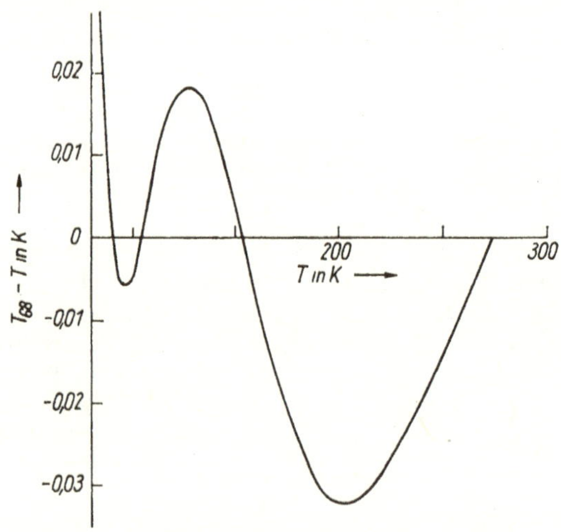

Abb. 5.6. Abweichung der mit Gl. (5.17) ermittelten Temperatur T von der Temperatur T_{68} der IPTS-88

Alle bisher angestellten Überlegungen gelten für sehr reines Platin, das heißt für Material mit extrem niedrigem Restwiderstand. An Gebrauchsthermometer können aus ökonomischen Gründen im allgemeinen nicht solch hohe Anforderungen an die Reinheit des Materials gestellt werden. Das bedeutet jedoch, daß der dann nicht mehr zu vernachlässigende Restwiderstand dazu führen wird, daß das Widerstandsverhältnis $W(T_{68})$ eines solchen Thermometers von $W_{\text{CCT-68}}(T_{68})$ um einen bestimmten Wert

$$\Delta W(T_{68}) = W(T_{68}) - W_{\text{CCT-68}}(T_{68}) \tag{5.19}$$

abweichen wird. Für die Ausführung von Präzisionsmessungen enthält die IPTS-68 eine Reihe von Vorschriften zur Ermittlung von $\Delta W(T_{68})$. Für den Temperaturbereich oberhalb 273,15 K wird so verfahren, daß man die in Gl. (5.15) auftretenden Konstanten α und δ durch Anschluß an den Siedepunkt des Wassers und den Erstarrungspunkt des Zinks bestimmt, ansonsten aber wieder die Beziehungen (5.15) und (5.16) zur Ermittlung von T_{68} verwendet. Für den Temperaturbereich von 13,82 K bis 273,15 K wird für $\Delta W(T_{68})$ ein Polynom verwendet, wobei je nach Temperaturintervall in unterschiedlicher Weise zu verfahren ist.

— Bereich 90,188 K bis 273,15 K:

$$\begin{aligned}\Delta W(T_{68}) = {} & A_4(T_{68} - 273{,}15) \\ & + C_4(T_{68} - 273{,}15)^3 (T_{68} - 373{,}15)\,;\end{aligned} \tag{5.20}$$

Bestimmung von A_4 und C_4 durch Anschluß an den Taupunkt des Sauerstoffs und den Siedepunkt des Wassers.

— Bereich 54,361 K bis 90,188 K:

$$\Delta W(T_{68}) = A_3 + B_3 T_{68} + C_3 T_{68}^2\,; \tag{5.21}$$

Bestimmung von A_3, B_3 und C_3 durch Anschluß an den Tripelpunkt des Sauerstoffs sowie mit ΔW(90,188 K) und d [ΔW (90, 188 K)]/dT aus (5.20).

— Bereich 20,28 K bis 54,361 K:

$$\Delta W(T_{68}) = A_2 + B_2 T_{68} + C_2 T_{68}^2 + D_2 T_{68}^3\,; \tag{5.22}$$

Bestimmung der Konstanten durch Anschluß an den Siedepunkt des Gleichgewichtswasserstoffs, an den Siedepunkt des Neons sowie mit ΔW(54, 361 K) und d[ΔW(54, 361 K)]/dT aus (5.21).

— Bereich 13,81 K bis 20,28 K:

$$\Delta W(T_{68}) = A_1 + B_1 T_{68} + C_1 T_{68}^2 + D_1 T_{68}^3 ; \qquad (5.23)$$

Bestimmung der Konstanten durch Anschluß an den Tripelpunkt des Gleichgewichtswasserstoffs, den Siedepunkt des Gleichgewichtswasserstoffs bei 33330,6 Pa sowie mit $\Delta W(20, 28\,\mathrm{K})$ und $\mathrm{d}[\Delta W(20, 28\,\mathrm{K})]/\mathrm{d}T$ aus (5.22).

Die für die Ermittlung der Konstanten in den Gln. (5.20) bis (5.23) erforderlichen Werte für $W_{\mathrm{CCT-68}}(T_{68})$ sind in Tab. 5.3 angegeben.

Tabelle 5.3
Werte für das Widerstandsverhältnis $W_{\mathrm{CCT-68}}(T_{68})$ an den für die Ermittlung von $\Delta W(T_{68})$ wichtigen definierenden Fixpunkten der IPTS-68

Gleichgewichtszustand	T_{68}(K)	$W_{\mathrm{CCT-68}}(T_{68})$
Tripelpunkt des Gleichgewichtswasserstoffs	13,81	0,00141206
Siedepunkt des Gleichgewichtswasserstoffs bei 33330,6 Pa	17,042	0,00253444
Siedepunkt des Gleichgewichtswasserstoffs	20,28	0,00448517
Siedepunkt des Neons	27,102	0,01221272
Tripelpunkt des Sauerstoffs	54,361	0,09197252
Taupunkt des Sauerstoffs	90,188	0,24379909
Siedepunkt des Wassers	373,15	1,39259668

Dieses Verfahren zur Bestimmung von $\Delta W(T_{68})$ ist sehr aufwendig, da es die Eichung jedes Platin-Widerstandsthermometers im gesamten Temperaturbereich erfordert. Es hat deshalb verschiedentlich Versuche gegeben, einfachere Methoden zur möglichst genauen Ermittlung von T_{68} zu entwickeln, auf die hier jedoch nur hingewiesen werden soll (s. z. B. [25]). Eine für viele praktische Zwecke ausreichende Abschätzung von $\Delta W(T_{68})$ ist unter der Annahme möglich, daß der Restwiderstand nicht von der Temperatur abhängt und somit Gl. (5.7) gilt. Setzt man gemäß Abschnitt 5.1. $W_{\mathrm{CCT-68}}(T) = \varrho(T)/\varrho(T_0)$ und $W(T) = \varrho_{\mathrm{G}}(T)/\varrho_{\mathrm{G}}(T_0)$, so folgt aus (5.4), (5.8) und (5.9) die Beziehung

$$\Delta W(T_{68}) = -\frac{\varrho_R}{\varrho(T_0) + \varrho_R}\,[W_{\mathrm{CCT-68}}(T_{68}) - 1]. \qquad (5.24)$$

Der unbekannte Faktor $\varrho_R/[\varrho(T_0) + \varrho_R]$ in (5.24) läßt sich durch Messung von $\Delta W(T_{68})$ bei einer einzigen Temperatur eliminieren, etwa am Siedepunkt des Wassers. Dann folgt aus (5.24) die einfache Relation

$$\Delta W(T_{68}) = \frac{W_{\mathrm{CCT-68}}(T_{68}) - 1}{W_{\mathrm{CCT-68}}(373{,}15\,\mathrm{K}) - 1}\,\Delta W\,(373{,}15\,\mathrm{K}). \qquad (5.25)$$

Damit ist es möglich, unter Verwendung der Gln. (5.25) und (5.19) sowie der Tab. 5.1 für $W_{\mathrm{CCT-68}}(T_{68})$ die für das verwendete Thermometer gültige Bezugstabelle zwischen $W(T_{68})$ und T_{68} aufzustellen.

Je nach Verwendungszweck und Genauigkeitsanforderung werden heute Platin-Widerstandsthermometer der unterschiedlichsten Ausführungsformen von der Industrie angeboten. Für die Herstellung der Widerstandsthermometer werden Platindrähte mit Durchmessern zwischen 0,05 und 0,6 mm verwendet. Diese Drähte werden möglichst spannungsfrei und bifilar (zur Eliminierung von Störungen durch Magnetfelder) auf einen Träger gewickelt. Je nach Temperaturbereich werden Träger aus Glas, Glimmer, keramischen Massen und für hohe Temperaturen auch aus synthetischem Saphir verwendet. Diese Widerstandswicklungen werden in Schutzrohren aus Glas, Quarzglas, keramischen Stoffen oder Platin, im Falle technischer Thermometer auch aus Nickel oder nichtrostendem Stahl untergebracht. Zur Vermeidung von Korrosionseffekten werden die Schutzrohre in der Regel mit einer Gasfüllung versehen und dann gasdicht abgeschlossen. Für die Gasfüllung kommen nur solche Gase in Frage, die bei den vorgesehenen Gebrauchstemperaturen nicht kondensieren. Übliche Füllgase sind Helium, Argon, Stickstoff und trockene Luft. Die Platin-Widerstandsthermometer haben meist zylindrische Form, können aber in ihrer Formgebung auch speziellen Anwendungszwecken angepaßt werden.

5.3. *Widerstandsthermometer aus anderen Metallen*

Außer im Bereich sehr niedriger Temperaturen, wo der Temperaturkoeffizient des elektrischen Widerstands des Platins sehr kleine Werte annimmt (s. Abb. 5.4), werden die thermometrischen Eigenschaften des Platins von keinem anderen Werkstoff erreicht. Größere Temperaturkoeffizienten des elektrischen Widerstands bei tiefen Temperaturen sind nach Gl. (5.6) und

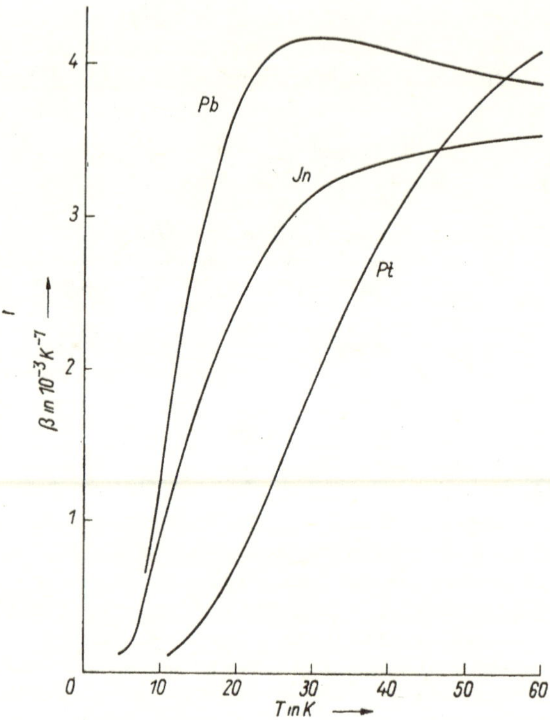

Abb. 5.7. Vergleich der Temperaturkoeffizienten β des elektrischen Widerstands für Platin, Indium und Blei (nach [9, 17, 26])

Abb. 5.1b für solche Metalle zu erwarten, die eine kleinere Debye-Temperatur als Platin ($\Theta_D = 240$ K) aufweisen. Von den vielen untersuchten Metallen, die diese Bedingung erfüllen, haben sich nur Indium ($\Theta_D = 198$ K) und Blei ($\Theta_D = 86$ K) für die Herstellung von Widerstandsthermometern für tiefe Temperaturen als geeignet erwiesen. Wie man aus Abb. 5.7 sieht, haben diese Metalle bei Temperaturen unterhalb etwa 15 K Temperaturkoeffizienten des elektrischen Widerstands, die um rund eine Größenordnung über den entsprechenden Werten des Platins liegen. Nachteilig wirkt sich aus, daß der Temperaturbereich dieser Thermometer zu tieferen Temperaturen hin durch die Supraleitungssprungpunkte von etwa 7,2 K für Blei und etwa 3,41 K für Indium (s. Tab. 1.3) begrenzt wird.

Neben reinen Metallen ist auch eine ganze Reihe von metallischen Legierungen für die Herstellung von Widerstandsthermometern eingesetzt worden (eine ausführliche Literaturzusammenstellung hierzu findet man in [4]).

5.4. *Germanium-Widerstandsthermometer*

Im Bereich tiefer Temperaturen hat sich der Einsatz von Halbleitern für die Temperaturmessung als günstig erwiesen, wobei vor allem aus Germanium hergestellte Widerstandsthermometer beträchtliche Bedeutung erlangt haben und heute in unterschied-

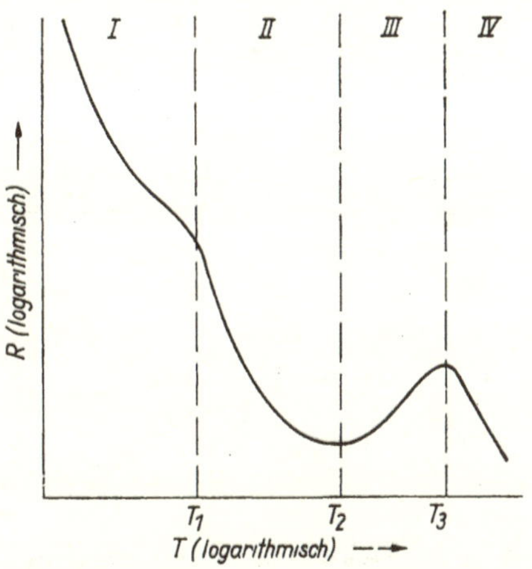

Abb. 5.8. Temperaturabhängigkeit des elektrischen Widerstands *R* eines Germanium-Widerstandsthermometers (nach [27])

lichen Ausführungsformen kommerziell angeboten werden. Die für alle Germanium-Widerstandsthermometer charakteristische Temperaturabhängigkeit des elektrischen Widerstandes ist in Abb. 5.8 dargestellt, wobei die Absolutwerte von $R(T)$ davon abhängen, ob es sich um p- oder n-leitendes Germanium handelt, welche Dortierungselemente verwendet werden und wie groß die Konzentration der Störstellen ist. Zur Erläuterung des in Abb. 5.8 dargestellten $R(T)$-Verlaufs wollen wir annehmen, daß das Widerstandsthermometer aus n-leitendem Germanium besteht, welches eine bestimmte Konzentration N_D von Donatoren und eine geringere Konzentration N_A von kompensierenden Akzeptoren enthält. Unter diesen Bedingungen wird jeder Akzeptor ein Elektron von einem Donator aufnehmen, so daß schließlich nur noch N_D-N_A neutrale Donatoren übrigbleiben, aus denen Elektronen in das Leitungsband angeregt werden können. Bei $T = 0$ K

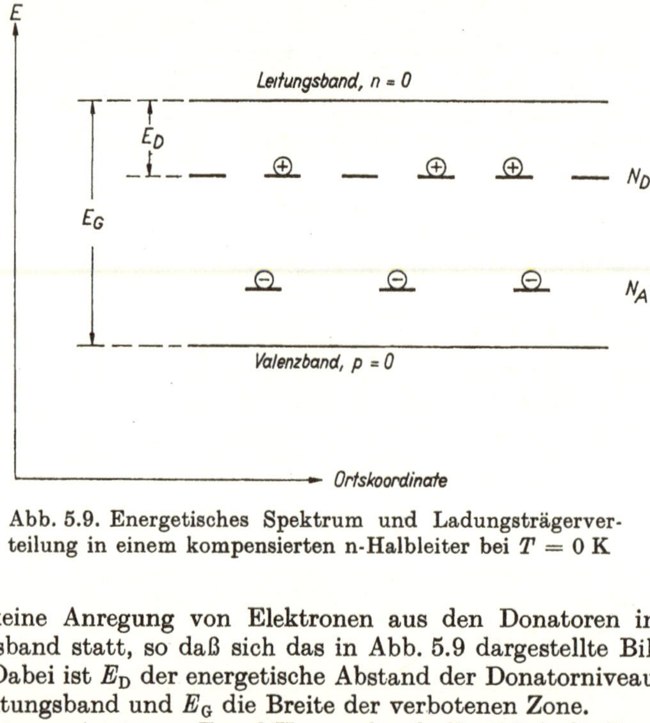

Abb. 5.9. Energetisches Spektrum und Ladungsträgerverteilung in einem kompensierten n-Halbleiter bei $T = 0$ K

findet keine Anregung von Elektronen aus den Donatoren ins Leitungsband statt, so daß sich das in Abb. 5.9 dargestellte Bild ergibt. Dabei ist E_D der energetische Abstand der Donatorniveaus vom Leitungsband und E_G die Breite der verbotenen Zone.

Erhöht man jetzt von $T = 0$ K ausgehend allmählich die Temperatur, so wird die dem Material zugeführte thermische Energie zunächst noch nicht ausreichen, um Elektronen aus den Donatoren in das Leitungsband anzuregen. Es besteht aber eine mit steigender Temperatur anwachsende Wahrscheinlichkeit dafür, daß Elektronen von neutralen Donatoren zu den infolge der Kompensation vorhandenen positiven Donatoren springen (Abb. 5.10a). Dieser Prozeß, der als Hopping-Leitung bezeichnet wird (vom englischen Wort to hop = springen), führt zu einem mit steigender Temperatur abfallenden Widerstand des Materials, dessen

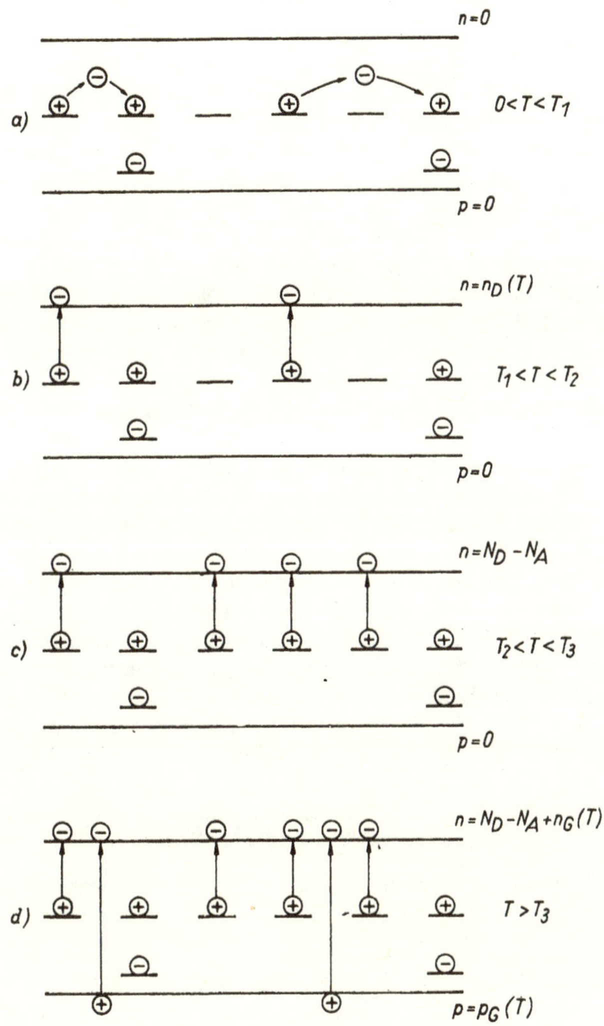

Abb. 5.10. Zur Erklärung der Widerstands-Temperatur-Charakteristik eines Germanium-Widerstandsthermometers

Temperaturabhängigkeit meist in der Form

$$R(T) = R_0 \exp \{E_s/kT\} \tag{5.26}$$

geschrieben wird, wobei die charakteristische Energie E_s unter Umständen selbst noch eine Funktion der Temperatur ist [28]. Die Absolutwerte für die Größen R_0 und E_s in Gl. (5.26) hängen von der Art des Donators sowie von den Störstellenkonzentrationen N_D und N_A ab. Die Hopping-Leitung dominiert in einem Temperaturbereich $0 < T < T_1$ (Bereich I in Abb. 5.8), in dem noch keine Anregung von Elektronen ins Leitungsband erfolgt.

Oberhalb T_1 setzt eine merkliche Anregung von Elektronen aus den neutralen Donatoren ins Leitungsband ein (Abb. 5.10b), so daß der Hauptbeitrag zur Leitfähigkeit des Materials nunmehr durch die Elektronen im Leitungsband geliefert wird und ganz allgemein durch die Beziehung (5.1) beschrieben werden kann. Für die den Widerstand im wesentlichen bestimmende Elektronenkonzentration im Leitungsband gilt dann Gl. (5.10), wobei E_F aus der Neutralitätsbedingung zu bestimmen ist. Für die Konzentration n_D der aus den Donatoren in das Leitungsband angeregten Elektronen ergeben sich im allgemeinen Falle sehr komplizierte und unübersichtliche Ausdrücke [22]. Berücksichtigt man jedoch, daß in Germanium-Widerstandsthermometern in der Regel ein nichtentartetes Elektronengas vorliegt, also die Funktion (5.11) durch die Beziehung (5.13) approximiert werden kann, und außerdem wegen des erwünschten Effekts der Hopping-Leitung das Verhältnis N_A/N_D nicht zu klein gewählt werden darf, so erhält man für $n_D(T)$ in guter Näherung

$$n_D(T) = \frac{N_D - N_A}{1 + aT^{-3/2}N_A \exp \{E_D/kT\}}. \tag{5.27}$$

Bei niedrigen Temperaturen ($T \ll E_D/k$) ist der zweite Summand im Nenner von (5.27) wesentlich größer als 1, so daß sich

$$n_D(T) \approx \frac{N_D - N_A}{aN_A} T^{3/2} \exp \{-E_D/kT\} \tag{5.28}$$

ergibt. Mit anderen Worten, die Elektronenkonzentration n_D wächst exponentiell mit steigender Temperatur, das heißt, man erhält einen exponentiell mit der Temperatur fallenden elektrischen Widerstand. Wenn die Temperatur jedoch Werte erreicht hat, für die $T \gg E_D/k$ gilt, wird der zweite Summand im Nenner schließlich klein gegen 1, was zu

$$n_D = N_D - N_A, \tag{5.29}$$

also einem Sättigungswert für die Elektronenkonzentration im Leitungsband führt. Dieser Zustand, der vollständiger Ionisierung aller Donatoren entspricht (Abb. 5.10c), möge bei einer Temperatur T_2 erreicht sein. Im Temperaturgebiet $T_1 < T < T_2$ (Bereich II in Abb. 5.8) hat man also einen zunächst exponentiell, dann aber langsamer abfallenden Widerstand des Materials.

Die in die Gln. (5.27) und (5.28) eingehende Größe a hängt von der effektiven Masse der Elektronen im Leitungsband und von der Art der Störstelle ab. Für die charakteristischen Temperaturen hat man im Germanium Werte von $T_1 \approx 10$ K und $T_2 \approx 100$ K.

Für Temperaturen oberhalb T_2 bleibt die Elektronenkonzentration im Leitungsband zunächst konstant, so daß die Temperaturabhängigkeit des elektrischen Widerstands allein durch die Temperaturabhängigkeit der Elektronenbeweglichkeit bestimmt wird (s. Gl. (5.1)). Da man sich in der Mehrzahl der praktisch realisierten Fälle meist in einem Temperaturgebiet bewegt, wo die Beweglichkeit mit steigender Temperatur abfällt (s. Abb. 5.2), ergibt sich für $T > T_2$ in der Regel ein leicht mit der Temperatur ansteigender Widerstand (Bereich III in Abb. 5.8).

Erst wenn die Temperatur Werte erreicht, bei denen die zugeführte thermische Energie zur Anregung von Elektronen aus dem Valenzband ins Leitungsband ausreicht, setzt ein erneuter Anstieg der Ladungsträgerkonzentration und damit ein Abfall des elektrischen Widerstandes ein [Abb. 5.10d]. In diesem Temperaturgebiet (Bereich IV in Abb. 5.8) tragen sowohl die durch Band-Band-Anregung entstandenen Elektronen $n_G(T)$ als auch Löcher $p_G(T)$ zur Leitfähigkeit bei. Da $n_G = p_G$ ist und außerdem die Proportionalität

$$n_G(T) \sim T^{3/2} \exp\{-E_G/2kT\} \tag{5.30}$$

gilt [22], fällt der Widerstand für $T > T_3$ exponentiell mit der Temperatur ab. Der Absolutwert von T_3 hängt wesentlich von der Größe von $N_D - N_A$ ab. Für typische Germanium-Widerstandsthermometer gilt etwa $N_D - N_A \approx 10^{16}$ cm^{-3}, wofür man $T_3 \approx 420$K erhält.

Aus den bisherigen Überlegungen folgt, daß man für alle Germanium-Widerstandsthermometer qualitativ den in Abb. 5.8

dargestellten Verlauf für $R(T)$ erwarten kann. Die konkrete $R(T)$-Kurve wird aber entscheidend durch die Werte für N_D und N_A bestimmt. Da die Störstellenkonzentrationen jedoch stets eine gewisse Streuung um die bei der Materialherstellung angestrebten Werte zeigen, muß jedes Germanium-Widerstandsthermometer vor seinem Einsatz geeicht werden. Das kann dadurch geschehen, daß man die Widerstandswerte an einer Reihe ausgewählter Fixpunkte (s. Tab. 1.1—1.3) ermittelt und daraus durch Interpolation eine $R(T)$-Kurve für den interessierenden Temperaturbereich berechnet. In Anbetracht der komplizierten Temperaturabhängigkeit der Leitfähigkeit ist es nicht möglich, auf Grund theoretischer Überlegungen zu einer vergleichsweise einfachen Beziehung zwischen R und T zu gelangen. Es ist deshalb versucht worden, empirische Formeln für $R(T)$ oder $T(R)$ aufzustellen, die in ihrem Ansatz jedoch stets die Tatsache berücksichtigen, daß insbesondere bei tiefen Temperaturen eine exponentielle Abhängigkeit des Widerstands R von der Temperatur T zu erwarten ist (s. Gln. (5.26) und (5.28)). AHLERS und MACRE [29] geben eine Beziehung der Form

$$T = \ln R\{a_1 + a_2 \ln R + [a_3 + a_4 \ln R + a_5 (\ln R)^2]^{1/2}\}^{-2} \tag{5.31}$$

für den Temperaturbereich $T = 1 \cdots 20$ K an. Bei geeigneter Wahl der fünf noch frei wählbaren Konstanten $a_1 \cdots a_5$ ist es möglich, die Abweichung zwischen der nach (5.31) berechneten Temperatur und der tatsächlichen Temperatur unter $\pm$ 20 mK zu halten. Eine bessere funktionelle Zuordnung zwischen dem Widerstand R und der Temperatur T läßt sich nach [30] mit Hilfe der Relation

$$\lg R = \sum_{j=0}^{n} A_j (\lg T)^j \tag{5.32}$$

erreichen, wenn n nicht kleiner als 5 gewählt wird. Je nach Thermometertyp war es möglich, mit Werten von n zwischen 5 und 8 den relativen Unterschied zwischen berechneter und tatsächlicher Temperatur im Temperaturbereich $T = 1 \cdots 100$ K unterhalb $\Delta T/T \doteq 10^{-3}$ zu halten, was bei einer Temperatur von $T = 1$ K einen absoluten Fehler von $\pm$ 1 mK bedeutet.

Aus Abb. 5.8 und der sich daran anschließenden Diskussion folgt, daß die Empfindlichkeit der Germanium-Widerstandsthermometer, die proportional $\mathrm{d}R/\mathrm{d}T$ ist, im Temperaturbereich unterhalb 80 K ihre größten Werte erreicht.

Ähnlich wie im Falle der Platin-Widerstandsthermometer wird der als Meßfühler dienende Germanium-Einkristall spannungsfrei in ein Schutzrohr, welches hier stets aus einem Edelmetall besteht, eingebaut, das mit einem Kontaktgas gefüllt und dann gasdicht abgeschlossen wird.

Der Einsatzbereich der Germanium-Widerstandsthermometer erstreckt sich vorwiegend auf Temperaturen $T = 1 \cdots 20$ K, da für höhere Temperaturen das Platin-Widerstandsthermometer zur Verfügung steht (s. Abschn. 5.2.).

5.5. *Kohle-Widerstandsthermometer*

Aus Kohleschichten bestehende Widerstände werden bereits seit langem für die Temperaturmessung bei tiefen Temperaturen eingesetzt. Kohleschichten zeigen wie Halbleiter (s. Abschn. 5.4.) einen Abfall des Widerstands mit steigender Temperatur, der sich gut durch die Beziehung

$$\lg R + \frac{K}{\lg R} = A + \frac{B}{T} \tag{5.33}$$

beschreiben läßt [31]. Die in Gl. (5.33) auftretenden Konstanten können etwa durch Messungen von R an drei Temperaturfixpunkten bestimmt werden. Der Wert der Konstanten und damit auch der konkrete Verlauf der $R(T)$-Kurven hängt sehr stark vom Herstellungsverfahren der Kohleschichten ab, wobei insbesondere die Partikelgröße in den Schichten eine große Rolle spielt (s. etwa [17]). In jedem Falle folgt aber aus Gl. (5.33), daß die zu $\mathrm{d}R/\mathrm{d}T$ proportionale Empfindlichkeit der Kohle-Widerstandsthermometer mit fallender Temperatur steil ansteigt, so daß ihr Einsatz insbesondere bei tiefen Temperaturen sinnvoll ist. Temperaturmessungen mit Kohle-Widerstandsthermometern sind im Temperaturbereich von 1 mK bis zu etwa 50 K möglich [32].

5.6. *Andere Temperaturfühler auf Halbleiterbasis*

Neben dem bereits beschriebenen Germanium-Widerstandsthermometer (Abschn. 5.4.) gibt es eine ganze Reihe weiterer Temperaturmeßgeräte, die auf der Ausnutzung temperaturabhängiger Eigenschaften von Halbleitern oder von Halbleiterbauelementen basieren. Für viele praktische Anwendungsbereiche in der Industrie, in Konsumgütern oder in der Medizin, wo es nicht auf hohe Präzision in der Temperaturmessung ankommt, haben die sogenannten Thermistoren große Bedeutung erlangt [33]. Das sind Halbleiter-Widerstandsthermometer, die aus gesinterten Metalloxiden (z. B. Fe_3O_4, Zn_2TiO_4, $MgCr_2O_4$) bestehen und deren Widerstands-Temperatur-Charakteristik in erster Näherung durch die Beziehung

$$R(T) = A \exp (B/T) \tag{5.34}$$

beschrieben werden kann, wobei A und B materialspezifische Konstanten sind. Handelsübliche Thermistoren sind für Temperaturmessungen zwischen $-100\,°C$ und etwa $+300\,°C$ ausgelegt, über ihren Einsatz bis herunter zu 2 K und für die Messung hoher Temperaturen bis zu etwa 1000 K ist ebenfalls berichtet worden [33, 34].

Neben Halbleiterwiderständen lassen sich auch Halbleiterdioden und Transistoren als Temperaturfühler verwenden. Für die Temperaturmessung mit Hilfe von Halbleiterdioden wird die Temperaturabhängigkeit ihrer Strom-Spannungs-Kennlinie in Durchlaßrichtung ausgenutzt. Für die Strom-Spannungs-Kennlinie kann in einer für viele praktische Zwecke ausreichenden Näherung die empirische Beziehung

$$I = I_0 T^m \exp \{(eU - E_G)/nkT\} \tag{5.35}$$

verwendet werden [35]. Hier ist E_G die Breite der verbotenen Zone des verwendeten Halbleitermaterials, U die in Durchlaßrichtung der Diode angelegte Spannung und I_0, m und n sind Parameter der Diode. Bei der Temperaturmessung wird nun so verfahren, daß die Temperaturabhängigkeit der Durchlaßspannung U bei konstantem Durchlaßstrom I ausgenutzt wird. Nach (5.35) sollte man dann erwarten, daß die $U(T)$-Kennlinie annähernd linear verläuft und daß die Empfindlichkeit dU/dT einen nahezu konstanten Wert besitzt. Wie genaue Untersuchungen an GaAs-Dioden gezeigt haben, gilt das aber insbesondere bei Temperaturen unterhalb 100 K nicht mehr (s. Abb. 5.11), so daß man gegenüber Gl. (5.35) modifizierte Beziehungen für die Strom-Spannungs-Kennlinie und deren Temperaturabhängigkeit verwenden muß. Nach PRADDAUDE [36] läßt sich der Zusammenhang zwischen Durchlaßspannung U und Temperatur T für GaAs-

Dioden gut durch die Gleichung

$$U = E_1 - E_2 (a + T_r) (b + \ln T_r) \tag{5.36}$$

mit

$$T_r = 1 + \frac{T}{T_1} \tag{5.37}$$

beschreiben. Die fünf in den Gln. (5.36) und (5.37) auftretenden Konstanten E_1, E_2, a, b, T_1 lassen sich durch Messung von U an fünf ausgewählten Temperaturpunkten bestimmen.

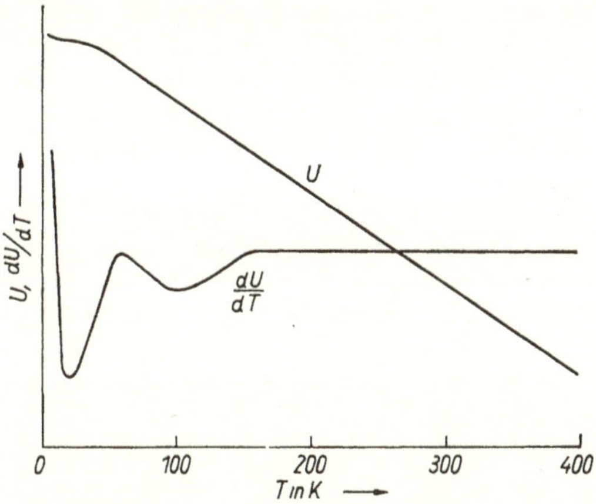

Abb. 5.11. Charakteristischer Verlauf der Spannungs-Temperatur-Kennlinie und der Empfindlichkeit von GaAs-Dioden (nach [32])

Mit GaAs-Dioden lassen sich Temperaturmessungen im Bereich $T = 0{,}3 - 400$ K ausführen, im Falle von Silizium-Dioden wird über den Einsatz im Temperaturbereich $T = 1{,}5 - 400$ K berichtet [33, 34].

In Analogie zu den Halbleiterdioden läßt sich auch die Temperaturabhängigkeit der Kennlinien von Transistoren für die Temperaturmessung ausnutzen. Bezüglich der Eigenschaften dieser Transistorthermometer und ihrer Einsatzbereiche sei an dieser Stelle jedoch auf die entsprechende Literatur verwiesen ([37] und dort zitierte Arbeiten), da sich ihre prinzipielle Wirkungsweise nicht wesentlich von der der Halbleiterdioden unterscheidet.

5.7. *Fehlerquellen*

Beim Einsatz von Widerstandsthermometern für die Temperaturmessung ist eine Reihe von Faktoren zu beachten, deren Vernachlässigung zu fehlerhaften Aussagen über die gesuchte Temperatur des Meßobjekts führen kann. Die Widerstandsmessung erfolgt in der Regel mit Hilfe von Meßbrücken (WHEATSTONE-Brücke, THOMSON-Brücke) oder Kompensationsschaltungen [4, 38], wobei in jedem Falle ein wenn auch kleiner Meßstrom durch den Widerstand fließt. Damit entsteht aber im Widerstandsthermometer eine bestimmte JOULEsche Wärme $Q_J \sim I^2$, die zu einer Temperaturerhöhung $\Delta T \sim Q_J$ und folglich auch zu einer Änderung des Widerstands führt (s. etwa Tab. 5.1 oder Abb. 5.8), die nicht in der gesuchten Temperatur des Meßobjekts ihre Ursache hat. Die Größe dieses Effekts läßt sich abschätzen, indem man bei konstanter Umgebungstemperatur die Widerstandsänderung ΔR des Widerstandsthermometers bei einer Änderung des Meßstroms von I_1 auf einen größeren Wert $I_2 > I_1$ bestimmt. Die dieser Widerstandsänderung ΔR entsprechende Temperaturerhöhung ΔT_{12} kann der Widerstands-Temperatur-Kennlinie des untersuchten Widerstandsthermometers entnommen werden. Wegen $\Delta T_{12} = \Delta T_2 - \Delta T_1$ und $\Delta T_i \sim Q_{Ji} \sim I_i^2$ folgt dann für die bei den Strömen I_1 bzw. I_2 vorzunehmenden Temperaturkorrekturen ΔT_1 bzw. ΔT_2

$$\Delta T_1 = \Delta T_{12} \frac{I_1^2}{I_2^2 - I_1^2}, \quad \Delta T_2 = \Delta T_{12} \frac{I_2^2}{I_2^2 - I_1^2}. \tag{5.38}$$

Diese Korrekturen können durch die Wahl hinreichend niedriger Meßströme klein gehalten werden.

Ein weiterer Faktor, der beim Einsatz von Widerstandsthermometern zu beachten ist, besteht in der mehr oder weniger ausgeprägten Abhängigkeit des elektrischen Widerstands aller Metalle und Halbleiter vom Magnetfeld (s. etwa [4, 10, 19, 20, 32]). Die Größe der in diesem Falle vorzunehmenden Korrekturen ist für jedes konkrete Widerstandsthermometer durch entsprechende Messungen experimentell zu ermitteln, da die in einem Magnetfeld auftretende Widerstandsänderung nicht nur vom verwendeten Material und der Temperatur, sondern auch von der geometrischen Konfiguration des Meßwiderstands abhängt.

Schließlich können Alterungseffekte zu einer sich mit der Zeit ändernden Widerstands-Temperatur-Kennlinie der Widerstandsthermometer führen. Um eine ausreichende zeitliche Stabilität des Meßwiderstands zu erhalten, werden Widerstandsthermometer nach ihrer Fertigstellung in der Regel bei einer Temperatur oberhalb der höchsten Gebrauchstemperatur mehrere Stunden künstlich gealtert. Trotzdem lassen sich Alterungseffekte während des Gebrauchs nicht vollständig ausschließen, so daß von Zeit zu Zeit eine Nacheichung zu empfehlen ist. Außerdem ist bekannt, daß Erschütterungen der Widerstandsthermometer während des Gebrauchs oder auch beim Transport zu merklichen Änderungen der Meßwiderstände führen können.

6. Thermoelemente

6.1. Thermoelektrische Effekte

Um die den Thermoelementen oder Thermopaaren zugrunde liegenden physikalischen Erscheinungen zu erläutern, betrachten wir einen aus zwei unterschiedlichen Leitern a und b zusammengesetzten Stromkreis, wobei in den Leiter b noch ein Strommeßgerät geschaltet sei (Abb. 6.1). Bringt man nun die beiden Verbindungsstellen der Leiter auf unterschiedliche Temperaturen T und T_0, so zeigt das Experiment, daß im Leiterkreis ein elektrischer Strom I fließt, der für $T > T_0$ die in Abb. 6.1 angegebene Richtung haben möge. Die diesen sogenannten thermoelektrischen Strom verursachende elektromotorische Kraft, die von den Leitermaterialien und den Temperaturen T und T_0 abhängt, wird als Thermospannung E_{ab} (T, T_0) bezeichnet. Sie wird als positiv angesetzt, wenn der Strom I wie in Abb. 6.1 in dem

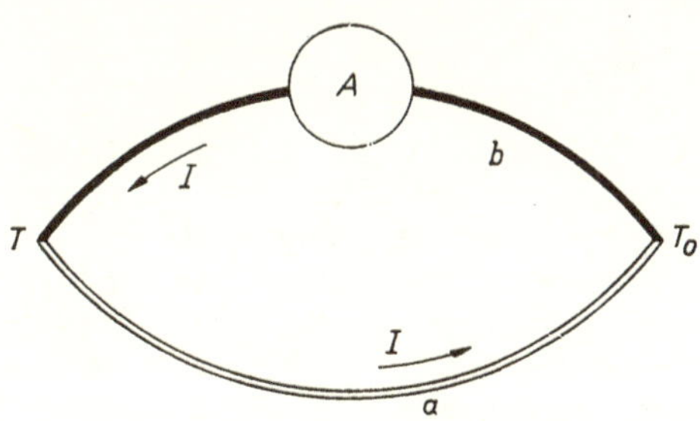

Abb. 6.1. Zur Erläuterung des SEEBECK- und PELTIER-Effekts

im Index von E_{ab} an die zweite Stelle gesetzten Leiter von der kälteren zur wärmeren Verbindungsstelle fließt. Diese nach ihrem Entdecker als SEEBECK-Effekt bezeichnete Erscheinung ist die Grundlage der thermoelektrischen Temperaturmessung.

Die Umkehrung des SEEBECK-Effekts ist der sogenannte PELTIER-Effekt. Ersetzt man in Abb. 6.1 das Strommeßgerät durch eine Gleichspannungsquelle, die zu einem Strom der gleichen Richtung führt wie in Abb. 6.1 angegeben, und geht von einem Zustand aus, in dem die Temperatur der beiden Verbindungsstellen gleich ist, so stellt man fest, daß sich die linke Verbindungsstelle abkühlt, die rechte dagegen erwärmt. Mit anderen Worten, der linken Verbindungsstelle wird durch den Strom eine bestimmte Wärmemenge entzogen, die der rechten Verbindungsstelle zugeführt wird. Die an den Verbindungsstellen auftretenden Wärmemengen sind dem fließenden Strom I proportional,

$$Q = \pi_{ab} I t, \tag{6.1}$$

wobei t die Zeit und π_{ab} ein von der Temperatur und den verwendeten Leitermaterialien abhängiger Koeffizient (der sogenannte PELTIER-Koeffizient) ist. Mit der Kenntnis dieses Effekts läßt sich eine phänomenologische Beziehung für die beim SEEBECK-Effekt auftretende Thermospannung E_{ab} (T, T_0) ableiten.

In der in Abb. 6.1 dargestellten Situation wird der linken, auf der Temperatur T befindlichen Verbindungsstelle gemäß (6.1) eine Wärmemenge vom Betrag

$$Q_T = \pi_{ab}(T) I t \tag{6.2}$$

durch den thermoelektrischen Strom entzogen, während der rechten, auf der Temperatur T_0 befindlichen Verbindungsstelle die Wärmemenge

$$Q_0 = \pi_{ab}(T_0) I t \tag{6.3}$$

zugeführt wird. Des weiteren ist zu berücksichtigen, daß sich die infolge des vorhandenen Stromflusses in den Leitern bewegenden Ladungsträger sowohl im Leiter a als auch im Leiter b einen Temperaturgradienten durchlaufen. Damit die Ladungsträger im thermischen Gleichgewicht mit ihrer Umgebung bleiben können, müssen sie auf ihrem Weg von T nach T_0 im Leiter a eine bestimmte Wärmemenge abgeben, auf dem Weg von T_0 nach T im Leiter b hingegen eine gewisse Wärmemenge aufnehmen.

Betrachtet man ein sehr kurzes Leiterstück der Länge $\mathrm{d}x$, zwischen dessen Enden eine Temperaturdifferenz $\mathrm{d}T$ besteht, so wird die von den Ladungsträgern beim Durchlaufen dieses Leiterstücks aufgenommene oder abgegebene Wärmemenge $\mathrm{d}Q$ der Zeit t und der Temperaturdifferenz proportional sein. Da außerdem der Strom durch einen Leiter seiner Leitfähigkeit und damit der Zahl der Ladungsträger proportional ist (s. Abschn. 5.1), kann man für $\mathrm{d}Q$ schreiben

$$\mathrm{d}Q = \mu It \, \mathrm{d}T . \tag{6.4}$$

Der in (6.4) eingeführte Proportionalitätsfaktor μ ist der sogenannte THOMSON-Koeffizient, der sowohl vom Material als auch von der Temperatur abhängt. Damit ergibt sich die insgesamt von den Ladungsträgern in den Leitern a und b abgegebene bzw. aufgenommene Wärmemenge durch Integration von (6.4) über den gesamten Leiter zu

$$Q_\mathrm{a} = It \int_{T_0}^{T} \mu_\mathrm{a}(T') \, \mathrm{d}T' , \tag{6.5a}$$

$$Q_\mathrm{b} = It \int_{T_0}^{T} \mu_\mathrm{b}(T') \, \mathrm{d}T' . \tag{6.5b}$$

Schließlich entsteht durch den Stromfluß noch JOULEsche Wärme der Größe

$$Q_\mathrm{J} = E_\mathrm{ab}(T, T_0) \, It , \tag{6.6}$$

die vom System nach außen abgegeben wird.

Bei der Temperaturmessung mit Thermoelementen wird die Temperatur T_0 als Bezugstemperatur fest vorgegeben. Dabei wird für T_0 meist der Eispunkt des Wassers gewählt, $T_0 = 273{,}15$ K, da er sich praktisch relativ einfach realisieren läßt. Die linke Verbindungsstelle wird mit dem Medium in Kontakt gebracht, dessen Temperatur T ermittelt werden soll. Das bedeutet, daß während einer Messung die Temperaturen T und T_0 und damit auch die Temperatur an allen anderen Stellen des Leitersystems konstant bleiben muß. Um diese Bedingung einhalten zu können, müssen dann auf Grund der obigen Überlegungen dem Leitersystem ständig die Wärmemengen Q_T und Q_b zugeführt und die Wärmemengen Q_0, Q_a und Q_J entzogen werden. Nach dem ersten Hauptsatz der Thermodynamik (Energieerhaltungssatz) gilt dann für das betrachtete System

$$Q_T + Q_b - Q_0 - Q_a - Q_J = 0, \tag{6.7}$$

woraus sich mit (6.2), (6.3), (6.5) und (6.7) für die Thermospannung $E_{ab}(T, T_0)$ die Beziehung

$$E_{ab}(T, T_0) = \pi_{ab}(T) - \pi_{ab}(T_0) - \int_{T_0}^{T} [\mu_a(T') - \mu_b(T')] \, dT' \tag{6.8}$$

ergibt. Auf Grund allgemeiner thermodynamischer Überlegungen lassen sich auch Relationen für die beiden ersten Ableitungen von E_{ab} herleiten [2]. Für die erste Ableitung von E_{ab}, die auch als differentielle Thermospannung oder SEEBECK-Koeffizient bezeichnet wird, erhält man

$$\left.\frac{d E_{ab}}{dT}\right|_T = S_{ab}(T) = \frac{\pi_{ab}(T)}{T}, \tag{6.9}$$

für den zweiten Differentialkoeffizienten von E_{ab} gilt

$$\left.\frac{d^2 E_{ab}}{dT^2}\right|_T = \frac{\mu_a(T) - \mu_b(T)}{T}. \tag{6.10}$$

Integration von (6.10) unter Berücksichtigung von (6.9) liefert

$$\frac{\pi_{ab}(T)}{T} - \frac{\pi_{ab}(T_0)}{T_0} = \int_{T_0}^{T} \frac{\mu_a(T') - \mu_b(T')}{T'} \, dT',$$

womit sich Gl. (6.8) für die Thermospannung E_{ab} zu

$$E_{ab}(T, T_0) = (T - T_0) \frac{\pi_{ab}(T_0)}{T_0} - \int_{T_0}^{T} [\mu_a(T') - \mu_b(T')] \, dT + T \int_{T_0}^{T} \frac{\mu_a(T') - \mu_b(T')}{T'} \, dT' \tag{6.11}$$

umformen läßt. Hieraus sieht man, daß die Thermospannung $E_{ab}(T, T_0)$ im Falle annähernd gleicher Werte für $\mu_a(T)$ und $\mu_b(T)$ der Temperaturdifferenz $T - T_0$ direkt proportional wird.

Die hier auf Grund phänomenologischer Überlegungen eingeführten Größen E_{ab}, π_{ab} und μ_a bzw. μ_b lassen sich aus der Theorie der Transporterscheinungen in festen Körpern ableiten, wobei sie dann mit den elektronischen Eigenschaften der Festkörper verknüpft werden und bei Kenntnis dieser Eigenschaften auch theoretisch berechnet werden können [20, 39].

6.2. Konstruktiver Aufbau der Thermoelemente

Thermoelemente werden aus Drähten unterschiedlicher Metalle hergestellt. Die Drähte werden entsprechend dem Schema der Abb. 6.1 an zwei Stellen miteinander verschweißt oder verlötet. Der Durchmesser der Drähte, der in der Regel zwischen 0,1 mm und 1 mm gewählt wird, sowie ihre Länge richtet sich nach dem konkreten Anwendungszweck. Wichtig ist, daß man bezüglich seiner physikalischen und chemischen Beschaffenheit homogenes Drahtmaterial verwendet, da nur in diesem Falle die in Abschnitt 6.1. hergeleiteten Beziehungen gültig sind.

Um schädliche äußere Einflüsse (zum Beispiel die Einwirkung aggressiver Gase) zu vermeiden, werden die elektrisch gegeneinander isolierten Drähte des Thermoelements häufig mit einem Schutzrohr umgeben. Im Falle von Thermoelementen für sehr hohe Temperaturen ist zu sichern, daß das Schutzrohrmaterial thermisch stabil ist und nicht mit dem Drahtmaterial reagiert.

Da Thermoelemente häufig aus Edelmetalldrähten hergestellt werden, andererseits mitunter längere Zuleitungen vom Thermoelement selbst zum Spannungs- oder Strommeßgerät erforderlich sind, werden die Zuleitungsdrähte meist aus anderem, billigerem Material hergestellt, welches wir mit dem Buchstaben c kennzeichnen wollen. Ein solcher Fall ist in Abb. 6.2 dargestellt, wobei der allgemeine Fall angenommen wurde, daß sich die Verbindungsstellen zwischen den Leitern b und c auf unterschiedlichen Temperaturen T_1 und T_2 befinden können; an der Stelle des Meßgeräts herrsche die Temperatur T_G. Wendet man auf dieses System in Analogie zu den Betrachtungen des Abschnitts 6.1. wieder den Energiesatz an, so ergibt sich für die vom Meßgerät bestimmte Thermospannung die Beziehung

$$E = \pi_{ab}(T) + \pi_{ba}(T_0) + \pi_{bc}(T_2) + \pi_{cb}(T_1)$$
$$+ \int_{T}^{T_0} \mu_a(T')\, dT' + \int_{T_0}^{T_2} \mu_b(T')\, dT' + \int_{T_2}^{T_1} \mu_c(T')\, dT'$$
$$+ \int_{T_1}^{T} \mu_b(T')\, dT'. \tag{6.12}$$

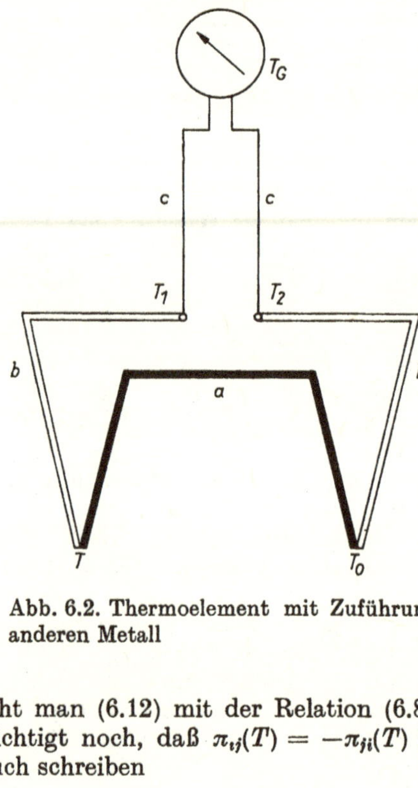

Abb. 6.2. Thermoelement mit Zuführungsleitungen aus einem anderen Metall

Vergleicht man (6.12) mit der Relation (6.8) für $E_{ab}(T, T_0)$ und berücksichtigt noch, daß $\pi_{ij}(T) = -\pi_{ji}(T)$ ist [2], so kann man für E auch schreiben

$$E = E_{ab}(T, T_0) + \Delta E \tag{6.13}$$

mit

$$\Delta E = \pi_{bc}(T_2) - \pi_{bc}(T_1) - \int_{T_2}^{T_1} [\mu_b(T') - \mu_c(T')]\, dT'. \tag{6.14}$$

Mit anderen Worten, die gemessene Thermospannung E weicht von der eigentlich gesuchten Thermospannung des Thermoelements $E_{ab}(T, T_0)$ ab, wobei die Größe ΔE dieser Abweichung von dem PELTIER-Koeffizienten π_{bc}, von den THOMSON-Koeffizienten μ_b und μ_c und von den Temperaturen T_1 und T_2 abhängt. Der angestrebte Fall $E = E_{ab}(T, T_0)$ wird gemäß (6.14) nur dann erreicht, wenn exakt $T_1 = T_2$ ist. Daraus leitet sich die Forderung ab, daß bei der Verwendung von Thermoelementen des in Abb. 6.2 dargestellten Typs durch geeignete Wahl der experimentellen Bedingungen stets $T_1 = T_2$ zu sichern ist.

Wenn es um die Messung sehr kleiner Temperaturdifferenzen ΔT geht, kann der Fall eintreten, daß die Änderung der Thermospannung

$$E_{ab}(T + \Delta T, T_0) - E_{ab}(T, T_0) \approx S_{ab}(T)\,\Delta T \tag{6.15}$$

sehr klein wird und ihre sichere Messung Schwierigkeiten bereitet. In solchen Fällen kann man die Empfindlichkeit erhöhen, indem man mehrere Thermoelemente der gleichen Art hintereinander schaltet, wie das in Abb. 6.3 für zwei hintereinander geschaltete Thermoelemente dargestellt ist. Hat man etwa N Thermoelemente hintereinander geschaltet, so erhöht sich die durch das Meßgerät bestimmte Thermospannung und damit auch die durch (6.15) gegebene Thermospannungsdifferenz um den Faktor N.

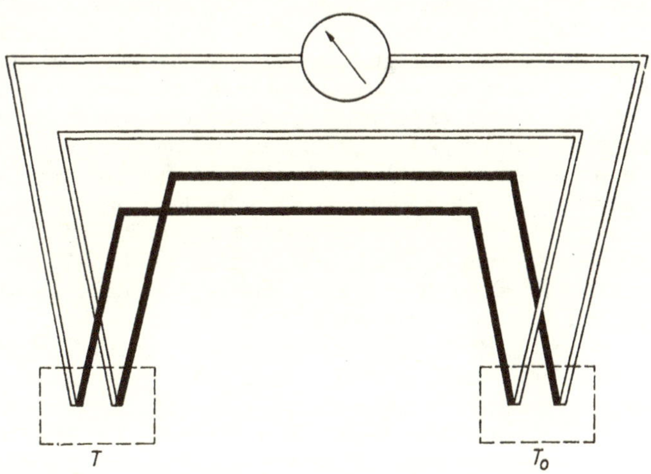

Abb. 6.3. Zur Reihenschaltung von Thermoelementen

Als Bezugspunkt T_0 für die Temperaturmessung mit Thermoelementen wird für wissenschaftliche Messungen meist der Eispunkt des Wassers (273,15 K) gewählt, bei Tieftemperaturmessungen auch die Siedepunkte des flüssigen Stickstoffs (77,344 K) oder des flüssigen Heliums (4,2221 K). Bei der Messung sehr hoher Temperaturen wird T_0 vielfach nicht genau fixiert, sondern die entsprechende Verbindungsstelle beider Drähte auf Raumtemperatur ($\approx$ 20 °C) belassen. Gelegentlich werden für die Festlegung von T_0 auch Thermostaten eingesetzt.

Verfügt man über die Abhängigkeit der Thermospannung $E_{ab}(T, T_0)$ von der Temperatur T für eine bestimmte Bezugstemperatur T_0 (meist werden solche Abhängigkeiten für $T_0 = 273{,}15$ K in Tabellenform angegeben), so kann die bei einer anderen Bezugstemperatur T'_0 auftretende Thermospannung $E_{ab}(T, T_0')$ leicht aus $E_{ab}(T, T_0)$ berechnet werden. Nach (6.8) ergibt sich

$$E_{ab}(T, T_0') = E_{ab}(T, T_0) - E_{ab}(T'_0, T_0). \tag{6.16}$$

6.3. *Thermoelemente für mittlere und hohe Temperaturen*

In diesem Abschnitt wollen wir Thermoelemente betrachten, die für die Messung von Temperaturen oberhalb des Eispunkts des Wassers ($T > 273{,}15$ K, $\vartheta > 0$ °C) in der Praxis eingesetzt werden. Als wesentliche Kriterien bei der Auswahl geeigneter Metallpaare für die Herstellung von Thermoelementen gelten generell eine hohe Thermospannung E_{ab} bzw. ein hoher SEEBECK-Koeffizient S_{ab} sowie eine gute Reproduzierbarkeit der Messungen, das heißt eine hohe Alterungsbeständigkeit des Thermoelements. Von den vielen experimentell untersuchten Thermoelementen haben sich nur einige wenige für den praktischen Gebrauch durchsetzen können, die in Tab. 6.1 zusammengestellt sind. Die darin angegebenen Werte für die maximale Gebrauchstemperatur ϑ_{max} und die bei dieser Temperatur gegen $\vartheta_0 = 0$ °C ermittelte Thermospannung $E_{ab}(\vartheta_{max}, 0\,°C)$ wurden [9, 15, 17] entnommen, wo auch Angaben über einige weitere Thermoelemente für mittlere und hohe Temperaturen zu finden sind.

Besondere Bedeutung hat das Platin—Platin/10% Rhodium-Thermoelement erlangt, da es wegen seiner guten Reproduktionseigenschaften als Interpolationsinstrument für die Darstellung der IPTS-68 im Bereich zwischen 630,74 °C und 1064,43 °C ausgewählt worden ist (s. Abschn. 1.4). Als Interpolationsformel wird dafür eine quadratische Relation zwischen E_{ab} und ϑ_{68}

Tabelle 6.1
Thermoelemente für mittlere und hohe Temperaturen ($\vartheta_0 = 0\,°C$)

Thermoelement	ϑ_{max} (°C)	E_{ab} (ϑ_{max}, ϑ_0) (mV)
Kupfer—Konstantan[1])	600	34,30
Eisen—Konstantan[1])	1000	58,33
Chromel[2])—Alumel[3])	1370	54,88
Platin—Platin/13% Rhodium (Pt—Pt 13 Rh)	1700	20,09
Platin—Platin/10% Rhodium	1760	18,59
Wolfram—Tantal	2000	22,9[4])
Wolfram—Iridium	2100	42[4])
Iridium/60% Rhodium—Iridium (Ir60Rh—Ir)	2100	11,65
Wolfram—Molybdän	2500	8[4])
Wolfram—Wolfram/26% Rhenium (W—W26Re)	2800	45

[1]) Konstantan: 55% Cu + 45% Ni
[2]) Chromel: 89% Ni + 10% Cr + 1% Fe
[3]) Alumel: 94% Ni + 2,0% Al + 1,5% Si + 2,5% Mn
[4]) E_{ab} bezogen auf $\vartheta_0 = 20\,°C$

festgelegt,

$$E_{ab}(\vartheta_{68}, \vartheta_0) = a + b\vartheta_{68} + c\vartheta_{68}^2, \tag{6.17}$$

wobei als Bezugstemperatur $\vartheta_0 = 0\,°C$ zu wählen ist und die Konstanten a, b und c durch Messung von E_{ab} an den Erstarrungspunkten des Antimons, Silbers und Goldes (s. Tab. 1.1 und 1.2) zu ermitteln sind. Der genaue Temperaturwert für den Erstarrungspunkt des Antimons ϑ_{68}(Sb) ist mit einem Platin-Widerstandsthermometer zu bestimmen. Außerdem müssen die Thermospannungen $E_{ab}(\vartheta_{68}(\text{Sb}))$, $E_{ab}(\vartheta_{68}(\text{Ag}))$ und $E_{ab}(\vartheta_{68}(\text{Au}))$ den folgenden Bedingungen genügen [4]:

$$E_{ab}(\vartheta_{68}(\text{Au})) = 10334\,\mu\text{V} \pm 30\,\mu\text{V},$$

$$E_{ab}(\vartheta_{68}(\text{Au})) - E_{ab}(\vartheta_{68}(\text{Ag}))$$
$$= 1186\,\mu\text{V} + 0{,}17\left[E_{ab}(\vartheta_{68}(\text{Au})) - 10334\right]\mu\text{V} \pm 3\,\mu\text{V},$$

$$E_{ab}(\vartheta_{68}(\text{Au})) - E_{ab}(\vartheta_{68}(\text{Sb}))$$
$$= 4782\,\mu\text{V} + 0{,}63\left[E_{ab}(\vartheta_{68}(\text{Au})) - 10334\right]\mu\text{V} \pm 5\,\mu\text{V}.$$

Darüber hinaus kann das Platin—Platin/10% Rhodium-Thermoelement natürlich auch außerhalb dieses Temperaturbereichs eingesetzt werden, und zwar von $\vartheta = 0\,°C$ bis $\vartheta = 1760\,°C$. Die auf $\vartheta_0 = 0\,°C$ bezogenen Thermospannungen dieses Thermoelements sind in Tab. 6.2 angegeben (nach [17]), Tabellen für E_{ab} mit kleineren Temperaturschritten findet man in [9, 15, 17].

Tabelle 6.2
Thermospannung E_{ab} des Platin—Platin/10% Rhodium-Thermoelements (Bezugstemperatur $\vartheta_0 = 0\,°C$)

ϑ(°C)	E_{ab}(mV)	ϑ(°C)	E_{ab}(mV)
0	0	900	8,432
50	0,299	950	8,997
100	0,643	1000	9,570
150	1,025	1050	10,152
200	1,436	1100	10,741
250	1,868	1150	11,336
300	2,316	1200	11,935
350	2,778	1250	12,536
400	3,251	1300	13,138
450	3,732	1350	13,738
500	4,221	1400	14,337
550	4,718	1450	14,935
900	5,224	1500	15,530
650	5,738	1550	16,124
700	6,260	1600	16,716
750	6,790	1650	17,305
800	7,329	1700	17,891
850	7,876	1750	18,474

Neben dem Platin—Platin/10% Rhodium-Thermoelement sind auch andere Platin—Rhodium-Legierungen für die Herstellung von Thermoelementen verwendet worden (s. etwa [4, 17]). wobei die höchsten Thermospannungen und damit auch die höchsten Seebeck-Koeffizienten für das Platin—Platin/13% Rhodium-Thermoelement erreicht werden (s. Tab. 6.1 und Abb. 6.4).

Die Thermospannungs-Temperatur-Charakteristiken einiger weiterer Thermoelemente für den Bereich mittlerer und hoher Temperaturen sind in Abb. 6.4 dargestellt. Wegen ihrer hohen Thermospannung sind vor allem Thermoelemente aus Kupfer und Konstantan, Eisen und Konstantan und Chromel und Alumel für Temperaturmessungen bis etwa 1000 °C vorteilhaft. Für sehr hohe

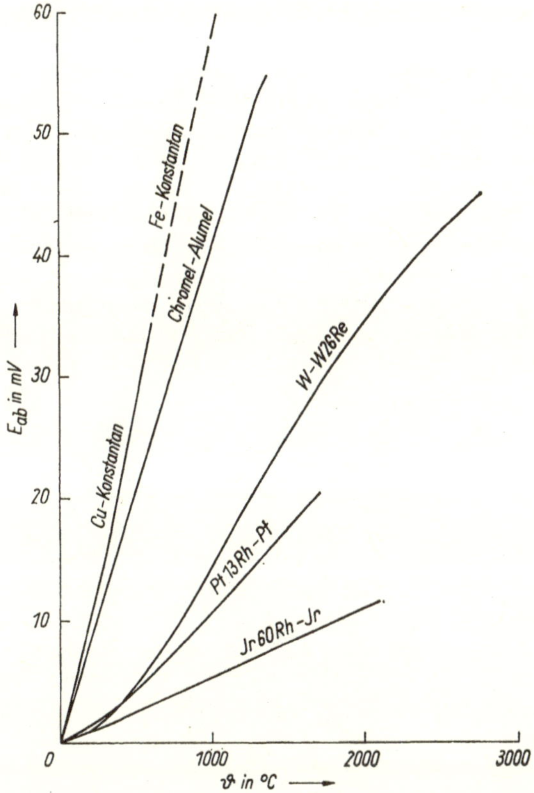

Abb. 6.4. Thermospannungen einiger gebräuchlicher Thermoelemente für mittlere und hohe Temperaturen (nach [9, 15, 17])

Temperaturen kommen nur Thermoelemente aus hochschmelzenden Metallen in Frage, wobei sich vor allem Legierungen aus Wolfram und Rhenium bewährt haben. Umfangreiche Tabellen für die Abhängigkeit der Thermospannung von der Temperatur für die verschiedenen Thermoelemente findet man in [9, 17].

6.4. *Thermoelemente für tiefe Temperaturen*

Von den bereits im vorangegangenen Abschnitt genannten Thermoelementen (Tab. 6.1) lassen sich die Metallpaare Kupfer—Konstantan, Eisen—Konstantan und Chromel—Alumel auch für Temperaturmessungen bis herunter zu etwa 10 K verwenden. Außerdem hat sich gezeigt, daß Thermoelemente, die aus Kupfer oder Chromel einerseits und Gold oder Silber mit geringfügigen Beimengungen von Übergangsmetallen (Eisen, Kobalt) andererseits bestehen, gut für Tieftemperaturmessungen geeignet sind. In den Abbildungen 6.5 und 6.6 sind die Thermospannungs-Temperatur-Charakteristiken einiger solcher Thermoelemente dargestellt. Wie man aus der Temperaturabhängigkeit des SEEBECK-Koeffizienten sieht (Abb. 6.7), nimmt S_{ab} für das Eisen—Konstantan-, Kupfer—Konstantan- und Chromel—Alumel-Thermoelement für Temperaturen $T < 10$ K Werte unterhalb etwa 3 μV/K an und geht schnell gegen Null, so daß die Messung sehr

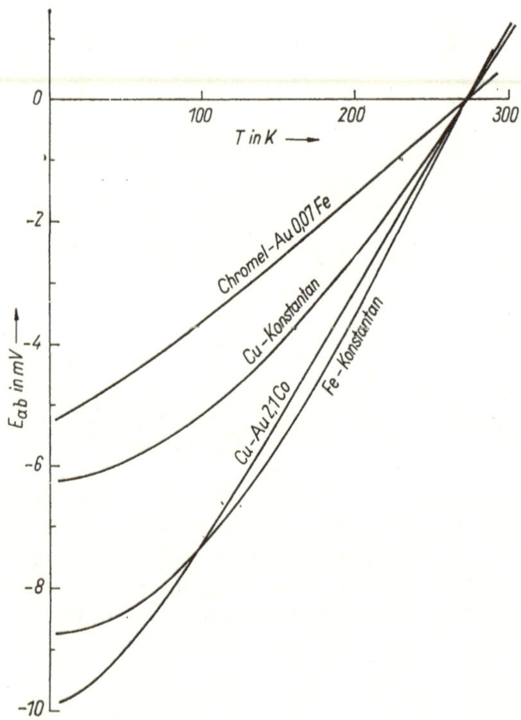

Abb. 6.5. Thermospannungen einiger Thermoelemente bei Temperaturen $T \leqq 300$ K für eine Bezugstemperatur $T_0 = 273{,}15$ K (nach [17, 32])

kleiner Temperaturdifferenzen, auf die es in diesem Temperaturbereich ankommt, recht ungenau wird (s. Gl. (6.15)). Lediglich das Chromel—Gold/0,07 Atom-% Eisen — und noch mehr das Chromel—Gold/0,02 Atom-% Eisen-Thermoelement haben sich für Temperaturmessungen bis herunter zu etwa 0,5 K als brauchbar erwiesen. Wie man aus Abb. 6.8 sieht, hat das letztgenannte Thermoelement bei $T = 0{,}5$ K noch einen Seebeck-Koeffizienten von etwa 8 μV/K.

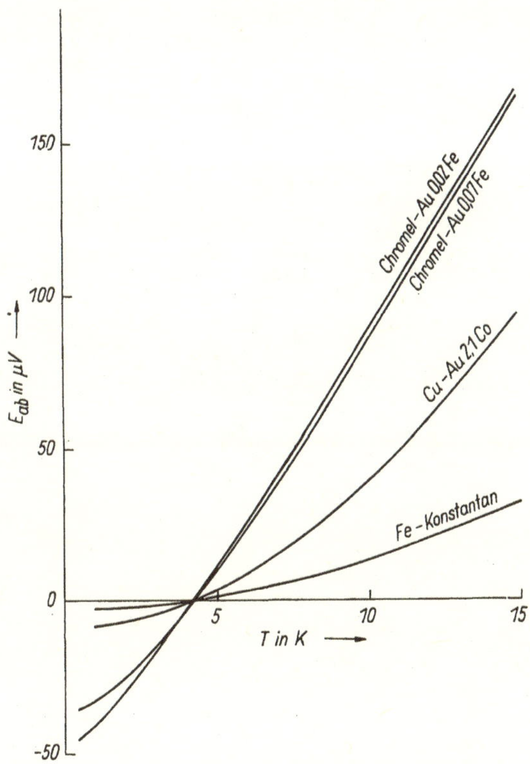

Abb. 6.6. Thermospannungen einiger Thermoelemente für den Temperaturbereich $T \leqq 15$ K mit dem Siedepunkt des flüssigen Heliums (siehe Tab. 1.3) als Bezugstemperatur (nach [17, 32, 40])

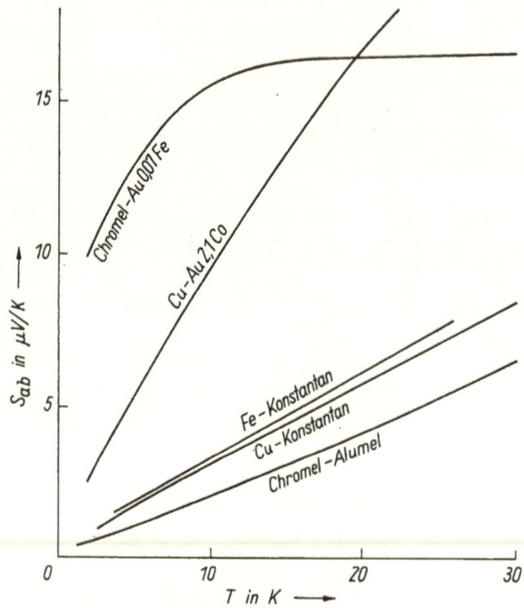

Abb. 6.7. SEEBECK-Koeffizienten einiger Thermoelemente für Temperaturen unterhalb 30 K (nach [4, 17, 32])

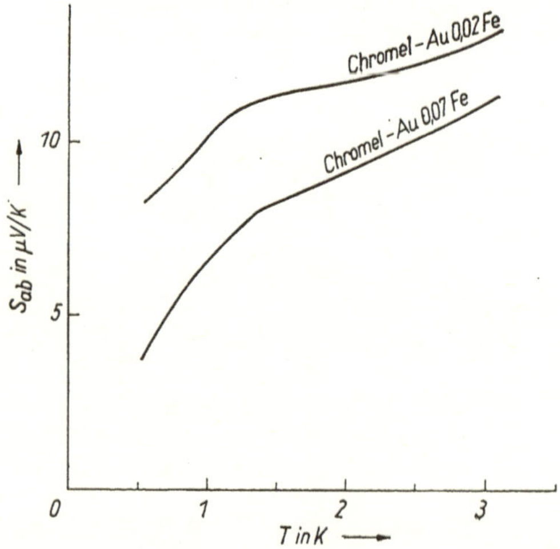

Abb. 6.8. SEEBECK-Koeffizienten von Chromel—Gold/Eisen-Thermoelementen bei sehr tiefen Temperaturen (nach [40])

Kürzlich ist über ein Thermoelement berichtet worden, mit dem Temperaturmessungen bis herunter zu 20 mK möglich sind. Die Schenkel dieses Thermoelements bestanden aus einer Gold—Eisen-Legierung (Gold mit $3{,}5 \cdot 10^{-4}$ Atom-% Eisen) und einem supraleitenden NbTi-Draht [41], und die Messung des thermoelektrischen Stroms erfolgte mit einem SQUID (zu den Eigenschaften und zur Wirkungsweise der SQUIDS (= superconducting quantum interference devices) siehe etwa [42]). In [14] wird die Vermutung ausgesprochen, daß die Verwendung einer Gold—Mangan-Legierung anstelle der Gold—Eisen-Legierung Temperaturmessungen bis zu $T < 10$ mK ermöglichen sollte.

6.5. *Fehlerquellen*

Es gibt eine Reihe von Ursachen, die die Temperaturmessung mit Thermoelementen beeinflussen und damit zu fehlerhaften Aussagen über die gesuchte Temperatur führen können. So ist insbesondere darauf zu achten, daß keine zusätzlichen Thermospannungen im thermoelektrischen Stromkreis entstehen, die nicht meßtechnisch beseitigt werden können. Thermospannungen können immer dort auftreten, wo unterschiedliche Metalle miteinander in Kontakt gebracht werden, wie etwa im Falle der Zuführungsleitungen zum Thermoelement (s. Abschn. 6.2., Gl. (6.12) und (6.13)). Sind solche Kontakte zwischen unterschiedlichen Metallen vorhanden, so sollten sie nahe beieinander liegen und auf gleicher Temperatur gehalten werden, damit sich die entstehenden schädlichen Thermospannungen kompensieren. Im Prinzip der gleiche Effekt tritt dann auf, wenn für die Herstellung des Thermoelements Drähte verwendet werden, deren physikalische und chemische Eigenschaften nicht homogen sind, das heißt, sich von Ort zu Ort verändern. Das bedeutet, daß der THOMSON-Koeffizient μ (s. Abschn. 6.1.) nicht mehr nur eine Funktion der Temperatur, sondern auch eine Funktion des Ortes ist. Das wiederum hat zur Folge, daß das in Gl. (6.8) auftretende Integral über den THOMSON-Koeffizienten nicht mehr allein eine Funktion der Temperaturdifferenz $T - T_0$ ist, sondern wegen (6.4) von der Art des Temperaturgefälles $T(x)$ längs des Drahtes abhängig wird. Damit wird die gemessene Thermospannung $E_{ab}(T, T_0)$ mehr oder weniger ausgeprägt von zufälligen, das Temperaturprofil $T(x)$ beeinflussenden Faktoren abhängig sein.

Bei Messungen im Bereich hoher Temperaturen ist darauf zu achten, daß keine Änderungen der Eigenschaften des Drahtmaterials durch chemische Reaktionen mit dem umgebenden Medium oder durch Zersetzungsreaktionen auftreten. Derartige Erscheinungen legen im allgemeinen die obere Gebrauchstemperatur von Thermoelementen fest (s. etwa Tab. 6.1), die im Interesse einer guten Reproduzierbarkeit der Messungen nicht überschritten werden sollte. Einige Hinweise bezüglich der für einzelne Thermoelementtypen zu beachtenden Faktoren dieser Art sowie über zu ergreifende Schutzmaßnahmen findet man in [4].

Sowohl bei der Messung sehr tiefer Temperaturen als auch bei der Messung sehr kleiner Temperaturdifferenzen ist eine hohe Konstanz der Bezugstemperaturen T_0 erforderlich. Gemäß der Gln. (6.15) und (6.16) empfiehlt es sich in solchen Fällen, die Bezugstemperatur entweder in einem Temperaturbereich zu wählen, wo der SEEBECK-Koeffizient möglichst klein ist oder, falls das wie im Falle der Tieftemperaturmessungen nicht möglich ist, die Bezugstemperatur in die Nähe der Meßtemperatur zu legen, da unter diesen Bedingungen eventuell doch vorhandene Schwankungen der Bezugstemperatur den geringsten Einfluß auf das Meßergebnis haben werden.

Ebenso wie im Falle der Widerstandsthermometer (s. Abschn. 5.7) ist zu berücksichtigen, daß die Thermospannung vom Magnetfeld abhängt. Werden Messungen bei hohen Drücken ausgeführt, so ist zu beachten, daß je nach geforderter Meßgenauigkeit unter Umständen auch eine Korrektur bezüglich der Druckabhängigkeit der Thermospannung erforderlich wird (zahlenmäßige Angaben hierzu findet man etwa in [17]).

Schließlich zeigen die Thermoelemente ebenso wie die Widerstandsthermometer Alterungseffekte, so daß von Zeit zu Zeit eine Nacheichung zu empfehlen ist.

7. Strahlungsthermometer (Pyrometer)

7.1. *Strahlungsgrößen und photometrische Größen*

Unter der Temperaturstrahlung oder Wärmestrahlung eines Körpers versteht man die von seiner Oberfläche ausgehende elektromagnetische Strahlung, deren Eigenschaften von der Temperatur und der physikalisch-chemischen Beschaffenheit der strahlenden Oberfläche abhängen. Für die Charakterisierung der Strahlung werden die folgenden Größen verwendet. Die in der Zeiteinheit von der Oberfläche insgesamt ausgestrahlte Energie heißt Strahlungsfluß oder Strahlungsleistung Φ_e. Als spezifische Ausstrahlung M_e bezeichnet man die von der Oberflächeneinheit in den darüber befindlichen Halbraum ausgestrahlte Leistung. Wird ein strahlendes Flächenelement der Größe dA betrachtet, so gilt

$$M_e = \frac{\mathrm{d}\Phi_e}{\mathrm{d}A}. \tag{7.1}$$

Neben der spezifischen Ausstrahlung wird noch die Strahlstärke I_e eingeführt, die den Strahlungsfluß in die Raumwinkeleinheit angibt. Betrachtet man ein Raumwinkelelement der Größe dΩ, gilt folglich

$$I_e = \frac{\mathrm{d}\Phi_e}{\mathrm{d}\Omega}. \tag{7.2}$$

Schließlich wollen wir uns die Abhängigkeit der von einem Flächenelement dA ausgehenden Strahlstärke vom Winkel ϑ zwischen der Oberflächennormalen von dA und der betrachteten Strahlungsrichtung ansehen. Betrachtet man in beiden Fällen ein Raumwinkelelement der gleichen Größe dΩ und fordert, daß die Strahlstärke dI_e in dieses Raumwinkelelement gleich groß sein soll, so folgt aus Abb. 7.1, daß man beim Übergang von $\vartheta = 0$ (Abb. 7.1a) zu einem endlichen Wert von ϑ (Abb. 7.1b)

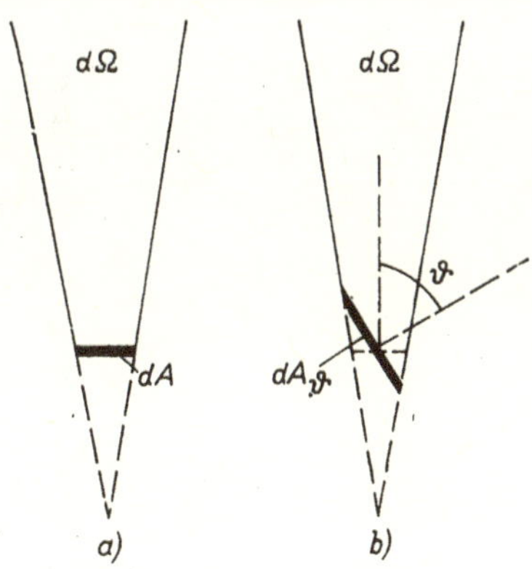

Abb. 7.1. Zur Definition der Strahldichte

die strahlende Fläche von $\mathrm{d}A$ für $\vartheta = 0$ auf den Wert $\mathrm{d}A_\vartheta = \mathrm{d}A/\cos\vartheta$ vergrößern muß. Daraus folgt die Relation

$$\left.\frac{\mathrm{d}I_e}{\mathrm{d}A}\right|_\vartheta = \left.\frac{\mathrm{d}I_e}{\mathrm{d}A}\right|_{\vartheta=0} \cos\vartheta. \tag{7.3}$$

Berücksichtigt man noch (7.2), so wird daraus

$$\left.\frac{\mathrm{d}^2\Phi_e}{\mathrm{d}A\ \mathrm{d}\Omega}\right|_\vartheta = \left.\frac{\mathrm{d}^2\Phi_e}{\mathrm{d}A\ \mathrm{d}\Omega}\right|_{\vartheta=0} \cos\vartheta. \tag{7.4}$$

Der auf der rechten Seite von (7.4) vor dem $\cos\vartheta$ stehende Faktor wird als Strahldichte L_e bezeichnet. Unter Berücksichtigung der vorhergehenden Beziehungen erhält man für die Strahldichte

$$L_e = \frac{\mathrm{d}^2\Phi_e}{\cos\vartheta\ \mathrm{d}A\ \mathrm{d}\Omega} = \frac{\mathrm{d}I_e}{\cos\vartheta\ \mathrm{d}A} = \frac{\mathrm{d}M_e}{\cos\vartheta\ \mathrm{d}\Omega}. \tag{7.5}$$

Für den Zusammenhang zwischen L_e und M_e folgt hieraus mit $\mathrm{d}\Omega = \sin\vartheta\ \mathrm{d}\vartheta\ \mathrm{d}\varphi$ (φ ist der Azimutwinkel)

$$M_e = \int_0^{2\pi} \mathrm{d}\varphi \int_0^{\pi/2} L_e \cos\vartheta \sin\vartheta\ \mathrm{d}\vartheta = \pi L_e. \tag{7.6}$$

Bei der Einführung der Strahlungsgrößen Φ_e, M_e, I_e und L_e wurde noch nicht beachtet, daß sich die Strahlung im allgemeinen aus Anteilen unterschiedlicher Wellenlängen zusammensetzen wird, also

$$\Phi_e = \int_0^\infty \Phi_{e\lambda}(\lambda)\ \mathrm{d}\lambda \tag{7.7}$$

ist. Die Größe $\Phi_{e\lambda}(\lambda)$ heißt spektrale Strahlungsleistung. Analog dazu kann man eine spektrale spezifische Ausstrahlung $M_{e\lambda}(\lambda)$, eine spektrale Strahlstärke $I_{e\lambda}(\lambda)$ und eine spektrale Strahldichte $L_{e\lambda}(\lambda)$ einführen, für die dann in Analogie zu (7.7) die Beziehungen

$$M_e = \int_0^\infty M_{e\lambda}(\lambda)\ \mathrm{d}\lambda, \tag{7.8a}$$

$$I_e = \int_0^\infty I_{e\lambda}(\lambda)\ \mathrm{d}\lambda, \tag{7.8b}$$

$$L_e = \int_0^\infty L_{e\lambda}(\lambda)\ \mathrm{d}\lambda \tag{7.8c}$$

gelten. Für den Zusammenhang zwischen $\Phi_{e\lambda}$, $M_{e\lambda}$, $I_{e\lambda}$ und L_e- hat man ebenfalls wieder die Beziehungen (7.1), (7.2), (7.5) und (7.6). Kennt man somit für einen strahlenden Körper die spektrale Strahldichte $L_{e\lambda}(\lambda)$, so lassen sich daraus alle anderen Strahlungsgrößen berechnen.

Die bisher eingeführten Strahlungsgrößen reichen aus, um einen Körper bezüglich seiner Strahlungseigenschaften physikalisch eindeutig zu beschreiben. Oft erfolgt die Bewertung eines strahlenden Körpers jedoch mit dem Auge, welches nur für Strahlung in einem bestimmten Spektralbereich empfindlich ist, wobei noch Unterschiede zwischen dem helladaptierten und dem dunkeladaptierten Auge bestehen (Abb. 7.2). Das Auge wird also eine Strahlung anders bewerten als ein physikalisches Meßgerät, wobei diese Bewertung noch von der Strahlungsleistung

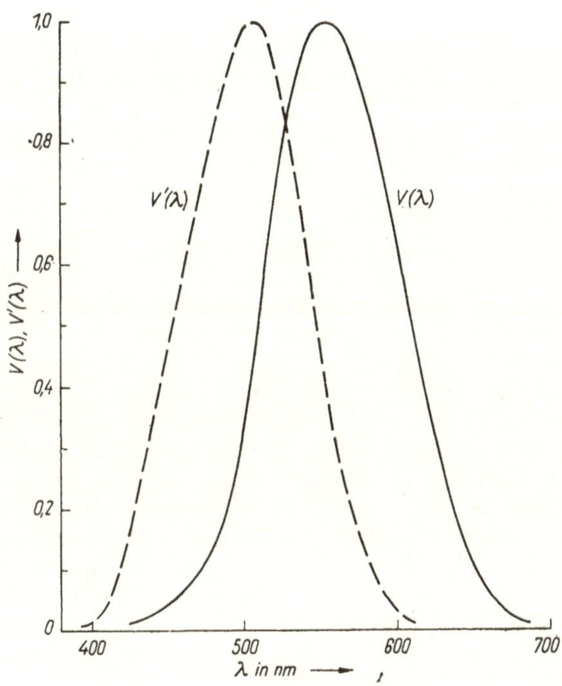

Abb. 7.2. Normierte spektrale Empfindlichkeit des helladaptierten ($V(\lambda)$) und dunkeladaptierten ($V'(\lambda)$) menschlichen Auges

Tabelle 7.1
Gegenüberstellung der Strahlungsgrößen und photometrischen Größen

Strahlungsgröße	Maß-einheit	photometrische Größe	Maßeinheit
Strahlungsleistung Φ_e	W	Lichtstrom Φ_v	Lumen (lm)
spezifische Ausstrahlung M_e	W/m²	spezifische Lichtausstrahlung M_v	lm/m²
Strahlstärke I_e	W/sr	Lichtstärke I_v	Candela (cd), 1 cd = 1 lm/sr
Strahldichte L_e	W/m²sr	Leuchtdichte L_v	cd/m²
Bestrahlungsstärke E_e	W/m²	Beleuchtungsstärke E_v	Lux (lx), 1 lx = 1 lm/m²

1 sr = 1 Steradiant, Einheit des Raumwinkels

(hell oder dunkel) abhängt. Geht man vom helladaptierten menschlichen Auge aus, dessen spektrale Empfindlichkeit durch die Kurve $V(\lambda)$ in Abb. 7.2 gegeben ist, so wird der vom menschlichen Auge wahrgenommene und damit bewertete Anteil der tatsächlichen Strahldichte $L_{e\lambda}(\lambda)$ eines Körpers gleich

$$L_{v\lambda}(\lambda) = KV(\lambda)\, L_{e\lambda}(\lambda), \tag{7.9}$$

wobei K ein noch festzulegender Proportionalitätsfaktor ist. Die Größe $L_{v\lambda}(\lambda)$ heißt spektrale Leuchtdichte des Körpers. In Analogie zu (7.9) lassen sich die $\Phi_{e\lambda}(\lambda)$, $M_{e\lambda}(\lambda)$ und $I_{e\lambda}(\lambda)$ entsprechenden Größen $\Phi_{v\lambda}(\lambda)$, $M_{v\lambda}(\lambda)$ und $I_{v\lambda}(\lambda)$ definieren und dann mit Hilfe der Beziehungen (7.7) und (7.8) die zu Φ_e, M_e, I_e und L_e analogen Größen Φ_v, M_v, I_v und L_v berechnen, die als photometrische oder lichttechnische Größen bezeichnet werden und Lichtstrom, spezifische Lichtausstrahlung, Lichtstärke und Leuchtdichte heißen. Für die Messung der photometrischen Größen wird ein eigenes System von Maßeinheiten verwendet, die sogenannten photometrischen Einheiten. Da die spektrale Empfindlichkeitskurve $V(\lambda)$ des menschlichen Auges international einheitlich festgelegt ist (Abb. 7.2), muß für die Umrechnung von Strahlungsgrößen in photometrische Größen noch der Faktor K in Gl. (7.9) festgelegt werden (s. dazu Abschn. 7.2).

In Tab. 7.1 sind die einander entsprechenden Strahlungsgrößen und photometrischen Größen sowie die dazugehörigen

Maßeinheiten zusammengestellt. Der Vollständigkeit halber wurde die Bestrahlungsstärke E_e ebenfalls aufgenommen. Sie ist definiert als die pro Flächeneinheit auf eine bestrahlte Fläche auftreffende Strahlungsleistung,

$$E_e = \frac{d\Phi_e}{dA}. \tag{7.10}$$

Die dazugehörige photometrische Größe ist die Beleuchtungsstärke E_v.

7.2. *Strahlungsgesetze*

Wir stellen uns zunächst einen evakuierten Hohlraum vor, dessen Wandung aus einem beliebigen, für Strahlung undurchlässigen Material bestehen und sich auf der Temperatur T befinden möge. Die im Inneren des Hohlraums vorhandene Strahlung, die sogenannte Hohlraumstrahlung, befindet sich dann im thermischen Gleichgewicht mit den Wänden, das heißt, man kann ihr ebenfalls die Temperatur T zuschreiben. Die Hohlraumstrahlung besitzt nun die Eigenschaft, daß ihre spektrale Strahldichte $L_{e\lambda,S}(\lambda, T)$ unabhängig vom Wandmaterial nur eine Funktion der Temperatur ist. Dieses bereits von KIRCHHOFF im Jahre 1859 formulierte Gesetz ergibt sich aus der folgenden Überlegung. Man betrachtet zwei aus unterschiedlichen Materialien hergestellte Hohlräume H1 und H2, die sich auf der gleichen Temperatur befinden. Verbindet man jetzt beide Hohlräume mit einem kurzen dünnen Rohr, welches noch ein Filter enthält, das nur Strahlung der Wellenlänge λ hindurchläßt, und nimmt an, daß die spektrale Strahldichte in H1 größer als in H2 ist, so würde von H1 mehr Strahlung nach H2 abgegeben werden als von H2 nach H1. Das dadurch gestörte thermische Gleichgewicht müßte dazu führen, daß ohne äußere Arbeitsleistung H2 erwärmt und H1 abgekühlt wird, was dem zweiten Hauptsatz der Thermodynamik widerspricht.

Eine zweite wichtige Beziehung erhält man aus einer Betrachtung der Wechselwirkung der Hohlraumstrahlung mit der Wand. Die auf die Wand aus dem Hohlraum auftreffende spektrale Strahlungsleistung einer bestimmten Wellenlänge λ ist der spektralen Strahldichte $L_{e\lambda,S}(\lambda, T)$ proportional (s. Gl. (7.4)).

Von dieser Strahlungsleistung wird ein von den Oberflächeneigenschaften des Wandmaterials abhängender Anteil

$$\varrho(\lambda) = \frac{[L_{e\lambda,S}(\lambda, T)]_r}{L_{e\lambda,S}(\lambda, T)} \tag{7.11}$$

von der Wand zurück in den Hohlraum reflektiert, während ein gewisser Anteil

$$\alpha(\lambda) = \frac{[L_{e\lambda,S}(\lambda, T)]_a}{L_{e\lambda,S}(\lambda, T)} \tag{7.12}$$

von der Wand absorbiert und in Wärme umgewandelt wird. Die Größen $\varrho(\lambda)$ und $\alpha(\lambda)$ heißen spektraler Reflexionsgrad und spektraler Absorptionsgrad und sind materialspezifische Parameter. Da ohne Einschränkung der Allgemeinheit vorausgesetzt werden kann, daß die Wand undurchlässig für die Strahlung ist, gilt wegen des Energieerhaltungssatzes

$$[L_{e\lambda,S}(\lambda, T)]_r + [L_{e\lambda,S}(\lambda, T)]_a = L_{e\lambda,S}(\lambda, T)$$

und damit wegen (7.11) und (7.12) auch

$$\varrho(\lambda) + \alpha(\lambda) = 1. \tag{7.13}$$

Da gemäß (7.12) die Wand des Hohlraums ständig Strahlung absorbiert und in Wärme umwandelt, andererseits aber thermisches Gleichgewicht besteht und somit auch keine Temperaturänderungen auftreten, muß die Wand folglich ständig Strahlung mit einer spektralen Strahldichte

$$L_{e\lambda}(\lambda, T) = \alpha(\lambda)\, L_{e\lambda,S}(\lambda, T) \tag{7.14}$$

in den Hohlraum emittieren. Da über das Wandmaterial keine Vorsetzungen gemacht wurden, gilt Gl. (7.14) allgemein. Diese Beziehung, die ebenfalls schon von Kirchhoff aufgestellt wurde, erlaubt es, die spektrale Strahldichte eines beliebigen Körpers auf die spektrale Strahldichte der Hohlraumstrahlung zurückzuführen, sofern der spektrale Absorptionsgrad des Körpers bekannt ist.

Da für alle realen Körper $\alpha(\lambda) < 1$ ist (s. Gl. (7.13)), gilt stets $L_{e\lambda}(\lambda, T) < L_{e\lambda,S}(\lambda, T)$. Nur im Falle $\alpha(\lambda) \equiv 1$ (das heißt, $\varrho(\lambda) \equiv 0$, der Körper zeigt keine Reflexion von Strahlung) erreicht die spektrale Strahldichte ihren maximal möglichen Wert von $L_{e\lambda,S}(\lambda, T)$. Ein solcher Körper wird als schwarzer Körper oder schwarzer Strahler bezeichnet. Praktisch kann der schwarze Strahler nur durch den Hohlraumstrahler realisiert werden.

Für die Beschreibung des Zusammenhangs zwischen $L_{e\lambda}(\lambda, T)$ und $L_{e\lambda,S}(\lambda, T)$ wird anstelle des spektralen Absorptionsgrads $\alpha(\lambda)$ meist noch der spektrale Emissionsgrad $\varepsilon(\lambda)$ eingeführt, um den Unterschied zwischen der Absorption einfallender Strahlung und der Emission von Strahlung durch einen Körper zu verdeutlichen. Der spektrale Emissionsgrad eines Körpers wird durch die Beziehung

$$L_{e\lambda}(\lambda, T) = \varepsilon(\lambda)\, L_{e\lambda,S}(\lambda, T) \tag{7.15}$$

definiert, so daß mit (7.14) $\alpha(\lambda) = \varepsilon(\lambda)$ folgt.

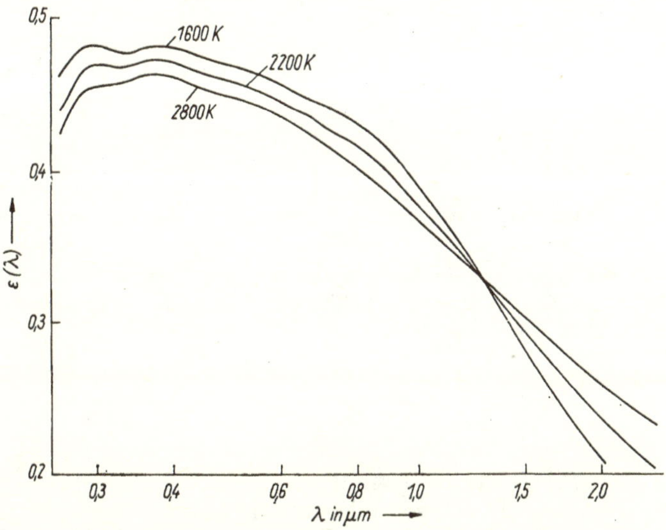

Abb. 7.3. Spektraler Emissonsgrad des Wolframs mit der Temperatur als Parameter (nach [44])

Wie man aus der Abb. 7.3 sieht, ist der spektrale Emissionsgrad (und damit natürlich auch der spektrale Absorptionsgrad) nicht nur eine komplizierte Funktion der Wellenlänge, sondern auch der Temperatur.

Für die spektrale Strahldichte des schwarzen Strahlers hat Planck das nach ihm benannte Plancksche Strahlungsgesetz hergeleitet (s. dazu etwa [2]),

$$L_{e\lambda,S}(\lambda, T) = \frac{c_1}{\pi} \lambda^{-5} [\exp(c_2/\lambda T) - 1]^{-1}. \tag{7.16}$$

Die Größen $c_1 = 2\pi c^2 h$ und $c_2 = ch/k$ heißen erste und zweite Strahlungskonstante und haben die Werte $c_1 = (3{,}741832 \pm 0{,}000020) \cdot 10^{-16}\,\mathrm{Wm^2}$ und $c_2 = (1{,}438786 \pm 0{,}000045) \cdot 10^{-2}\,\mathrm{mK}$ [43] (c ist die Lichtgeschwindigkeit im Vakuum, h das PLANCKsche Wirkungsquantum und k die BOLTZMANN-Konstante). Im Grenzfall $c_2 \gg \lambda T$ geht (7.16) in das WIENSCHE Gesetz

$$L_{e\lambda,S}(\lambda, T) = \frac{c_1}{\pi} \lambda^{-5} \exp(-c_2/\lambda T), \tag{7.17}$$

für $c_2 \ll \lambda T$ in das Strahlungsgesetz von RAYLEIGH-JEANS über,

$$L_{e\lambda,S}(\lambda, T) = \frac{c_1}{c_2 \pi} \lambda^{-4} T. \tag{7.18}$$

Der Verlauf der spektralen Strahldichte des schwarzen Strahlers ist für verschiedene Temperaturen in Abb. 7.4 dargestellt. Für die Lage λ_m des Maximums der $L_{e\lambda,S}(\lambda, T)$-Kurven in Abhängigkeit von der Temperatur erhält man aus $\mathrm{d}L_{e\lambda,S}/\mathrm{d}\lambda = 0$ das WIENsche Verschiebungsgesetz

$$\lambda_m T = \frac{c_2}{\beta} = b, \tag{7.19}$$

wobei sich β aus der Lösung der Gleichung $\beta - 5[1 - \exp(-\beta)] = 0$ ergibt. Die WIENsche Konstante hat den Wert $b = (2{,}897790 \pm 0{,}000090) \cdot 10^{-3}\,\mathrm{mK}$ [43]. Setzt man den Wert für λ_m aus (7.19) in (7.16) ein, so ergibt sich für den Maximalwert $L_{e\lambda,S}(\lambda_m, T)$ der spektralen Strahldichte des schwarzen Strahlers bei einer bestimmten Temperatur T

$$L_{e\lambda,S}(\lambda_m, T) = \frac{c_1(5b - c_2)}{c_2 b^5} T^5. \tag{7.20}$$

Mit (7.20) und (7.16) kann man eine relative spektrale Strahldichte $L_{e\lambda,S}(\lambda, T)/L_{e\lambda,S}(\lambda_m, T)$ des schwarzen Strahlers einführen.

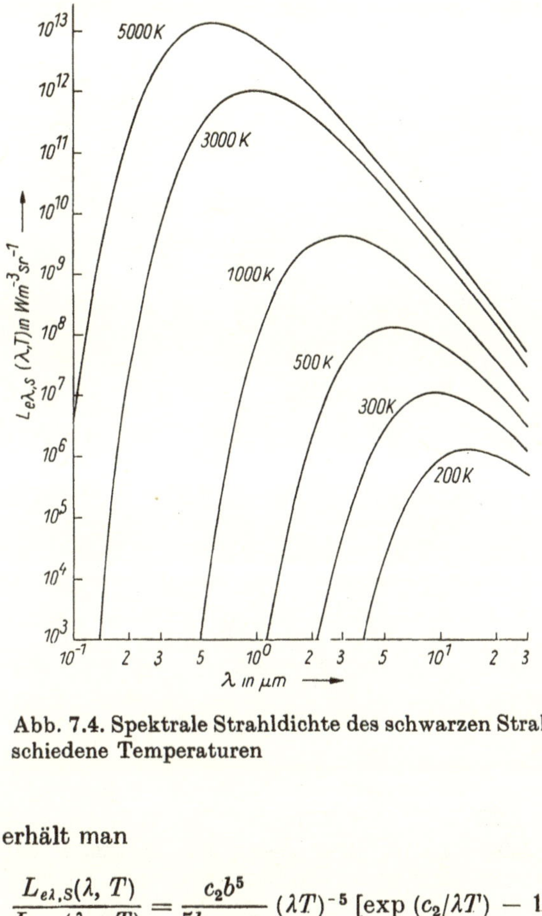

Abb. 7.4. Spektrale Strahldichte des schwarzen Strahlers für verschiedene Temperaturen

Hierfür erhält man

$$\frac{L_{e\lambda,S}(\lambda, T)}{L_{e\lambda,S}(\lambda_m, T)} = \frac{c_2 b^5}{5b - c_2} (\lambda T)^{-5} [\exp (c_2/\lambda T) - 1]^{-1}$$

$$= \frac{\beta}{5 - \beta} \left(\frac{\lambda_m}{\lambda}\right)^5 [\exp (\beta\lambda_m/\lambda) - 1]^{-1}. \qquad (7.21)$$

Mit Gl. (7.21) ist es möglich, das PLANCKsche Strahlungsgesetz durch eine einzige Kurve darzustellen, indem man die relative spektrale Strahldichte entweder als Funktion von λT oder von λ_m/λ abträgt. Abb. 7.5 zeigt den Verlauf von $L_{e\lambda,S}(\lambda, T)/L_{e\lambda,S}(\lambda_m, T)$ in Abhängigkeit von λ/λ_m in der Umgebung des Maximums der relativen spektralen Strahldichte bei $\lambda = \lambda_m$.

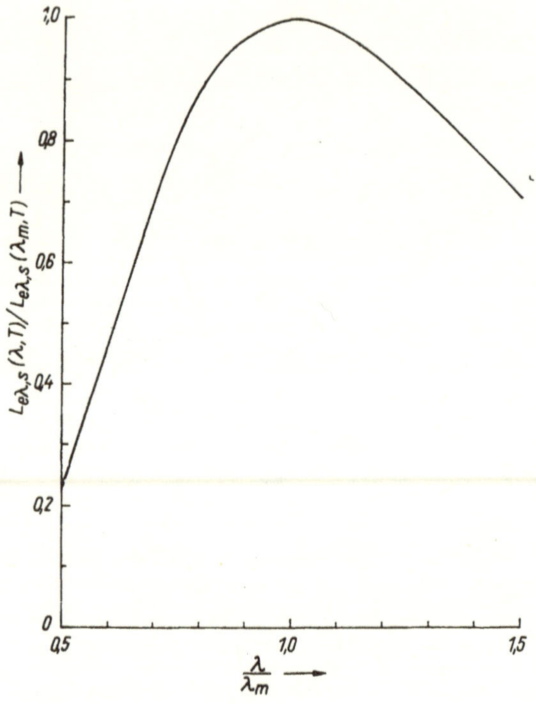

Abb. 7.5. Relative spektrale Strahldichte des schwarzen Strahlers

Aus (7.16) läßt sich mit Hilfe der Gln. (7.8c) und (7.6) die spezifische Ausstrahlung des schwarzen Strahlers berechnen. Dabei erhält man das STEFAN-BOLTZMANN-Gesetz für die Gesamtstrahlung des schwarzen Strahlers,

$$M_{e,S} = \frac{c_1}{c_2^4} T^4 \int_0^\infty \frac{x^3 \, dx}{e^x - 1} = \frac{\pi^4 c_1}{15 c_2^4} T^4 = \sigma T^4. \qquad (7.22)$$

Die STEFAN-BOLTZMANN-Konstante hat den Wert $\sigma = (5{,}67032 \pm 0{,}00071) \cdot 10^{-8}$ W/m²K⁴ [43].

Mit den Gln. (7.16) und (7.9) lassen sich auch die photometrischen Größen für den schwarzen Strahler ableiten. Über die Leuchtdichte des schwarzen Strahlers erfolgt die Definition der photometrischen Einheiten, das heißt die Festlegung der Konstanten K in Gl. (7.9). Laut Definition hat ein schwarzer Strahler beim Erstarrungspunkt des Platins ($T(\mathrm{Pt}) = 2042\,\mathrm{K}$, s. Tab. 1.2) die Leuchtdichte $L_{v,\mathrm{S}}(T(\mathrm{Pt})) = 6 \cdot 10^5\,\mathrm{cd/m^2}$, das heißt, es gilt

$$L_{v,\mathrm{S}}(T(\mathrm{Pt})) = \mathrm{K} \int_0^\infty V(\lambda)\, L_{e\lambda,\mathrm{S}}(\lambda, T(\mathrm{Pt}))\, \mathrm{d}\lambda$$
$$= 6 \cdot 10^5\,\mathrm{cd/m^2}, \tag{7.23}$$

wodurch die Konstante K, das sogenannte photometrische Strahlungsäquivalent, zu $K = 673\,\mathrm{cd\,sr/W}$ festgelegt wird.

Für reale strahlende Körper, die alle durch einen spektralen Absorptionsgrad $\alpha(\lambda) < 1$ bzw. spektralen Emissionsgrad $\varepsilon(\lambda) < 1$ charakterisiert sind, läßt sich keine zu Gl. (7.16) analoge allgemein gültige analytische Formel für die spektrale Strahldichte angeben. Es ist deshalb auch nicht ohne weiteres möglich, die Temperatur T eines nichtschwarzen Strahlers aus der für ihn gemessenen spektralen Strahldichte (oder einer der anderen Strahlungsgrößen) zu bestimmen. Diese Schwierigkeit läßt sich umgehen, indem man einen Vergleich mit der Strahlung des schwarzen Strahlers vornimmt, was in unterschiedlicher Weise geschehen kann. Wie wir aber sehen werden, ist dafür stets die Kenntnis des Emissionsgrades erforderlich.

Oft ordnet man der wahren Temperatur T eines realen strahlenden Körpers die Temperatur T_S eines schwarzen Strahlers zu, der bei einer gegebenen Beobachtungswellenlänge die gleiche spektrale Strahldichte aufweist wie der reale Strahler. Die Temperatur T_S heißt Strahldichtetemperatur und ist durch die Beziehung

$$L_{e\lambda}(\lambda, T) = L_{e\lambda,\mathrm{S}}(\lambda, T_\mathrm{S}) \tag{7.24}$$

definiert. Unter Berücksichtigung von Gl. (7.15) und (7.16) erhält man für den Zusammenhang zwischen der wahren Temperatur T des Körpers und der wellenlängenabhängigen Strahldichtetemperatur $T_\mathrm{S}(\lambda)$ die Relation

$$\frac{1}{T_\mathrm{S}(\lambda)} = \frac{1}{T} - \frac{\lambda}{c_2} \ln \varepsilon(\lambda, T) - \frac{\lambda}{c_2} \ln \frac{1 - \exp\left(-c_2/\lambda T_\mathrm{S}(\lambda)\right)}{1 - \exp\left(-c_2/\lambda T\right)}. \tag{7.25}$$

Für hohe Temperaturen oberhalb etwa 1000 K erfolgt die Messung der spektralen Strahldichten in der Regel bei Wellenlängen im sichtbaren Spektralbereich, also bei $\lambda < 700$ nm (s. Abb. 7.2), während man bei tieferen Temperaturen wegen der sehr kleinen Strahldichtewerte (Abb. 7.4) die Strahldichtebestimmung in der Nähe von λ_m vornehmen wird. Dann gilt aber stets $c_2 \gg \lambda T$, so daß in den meisten praktisch interessierenden Fällen das PLANCKsche Strahlungsgesetz (7.16) durch das WIENsche Strahlungsgesetz (7.17) ersetzt werden kann. In diesem Falle vereinfacht sich (7.25) zu

$$\frac{1}{T_S(\lambda)} = \frac{1}{T} - \frac{\lambda}{c_2} \ln \varepsilon(\lambda, T). \tag{7.26}$$

Wird anstelle der spektralen Strahldichte die Gesamtstrahldichte $L_e(T)$ eines Körpers gemessen, so läßt sich auch hier eine äquivalente Temperatur $T_{S,G}$ eines schwarzen Strahlers definieren, die als Gesamtstrahlungstemperatur bezeichnet wird. Für die Strahldichte $L_{e,S}$ des schwarzen Strahlers folgt aus (7.6) und (7.22)

$$L_{e,S} = \frac{\sigma}{\pi} T^4. \tag{7.27}$$

Da für den spektralen Emissionsgrad jedes realen Körpers unabhängig von der Wellenlänge und Temperatur $\varepsilon(\lambda, T) < 1$ gilt, folgt aus (7.15) und (7.8c) für die Strahldichte jedes Körpers $L_e < L_{e,S}$, das heißt man kann schreiben

$$L_e(T) = \varepsilon_G L_{e,S}(T) = \varepsilon_G \frac{\sigma}{\pi} T^4, \tag{7.28}$$

wobei für den sogenannten Gesamtemissionsgrad ε_G des realen Strahlers ebenso wie für den spektralen Emissionsgrad $\varepsilon_G < 1$ gilt und außerdem ε_G noch eine Funktion der Temperatur ist (Abb. 7.6).

Die Gesamtstrahlungstemperatur $T_{S,G}$ wird nun in Analogie zu Gl. (7.24) für die Strahldichtetemperatur durch

$$L_e(T) = L_{e,S}(T_{S,G}) \tag{7.29}$$

definiert, woraus sich mit (7.27) und (7.28) die Relation

$$T_{S,G} = [\varepsilon_G(T)]^{1/4}\, T \tag{7.30}$$

für den Zusammenhang zwischen der Gesamtstrahlungstemperatur und der wahren Temperatur des Körpers ergibt.

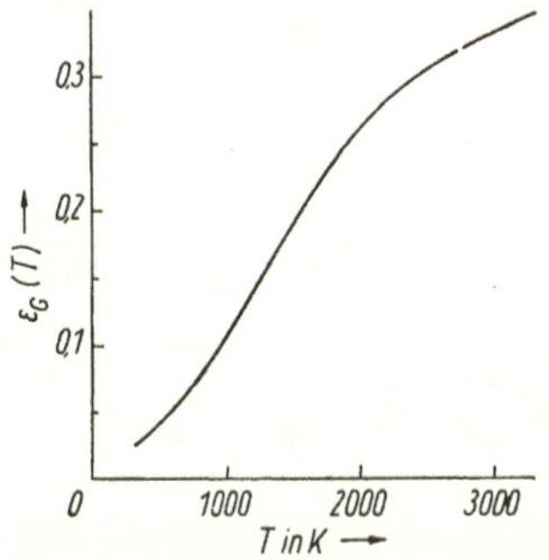

Abb. 7.6. Temperaturabhängigkeit des Gesamtemissionsgrades von Wolfram (nach [16])

Bezüglich weiterer Möglichkeiten für den Vergleich der Strahlungseigenschaften realer Körper mit dem schwarzen Strahler und der sich dadurch ergebenden Varianten für die Einführung von äquivalenten Temperaturen des schwarzen Strahlers sei auf die Literatur verwiesen [4].

7.3. *Temperaturmessung unter Ausnutzung der Strahlungsgesetze*

Die pyrometrische Temperaturmessung basiert in der Regel nicht auf der Absolutmessung von Strahlungsgrößen, sondern auf dem Vergleich von Strahldichten oder spektralen Strahldichten, die unter unterschiedlichen Bedingungen ermittelt werden, mit anderen Worten auf einer Relativmessung dieser Größen. Bei der Gesamtstrahlungsmethode wird die gesuchte Temperatur T aus der Messung der Strahldichte L_e oder der spezifischen Ausstrahlung M_e bei der Temperatur T und einer bekannten Bezugstemperatur T_0 bestimmt. Wird ein schwarzer Strahler als Temperaturfühler verwendet, so gilt dann wegen (7.22) und (7.27)

$$T = T_0 \left[\frac{M_{e,\mathrm{S}}(T)}{M_{e,\mathrm{S}}(T_0)}\right]^{1/4} = T_0 \left[\frac{L_{e,\mathrm{S}}(T)}{L_{e,\mathrm{S}}(T_0)}\right]^{1/4}. \qquad (7.31)$$

Die (7.31) entsprechende Beziehung für den realen nichtschwarzen Strahler erhält man, wenn in (7.31) $M_{e,\mathrm{S}}$ und $L_{e,\mathrm{S}}$ durch M_e bzw. L_e und die Temperaturen T und T_0 durch die entsprechenden Gesamtstrahlungstemperaturen gemäß Gl. (7.30) ersetzt werden,

$$T = T_0 \left[\frac{\varepsilon_G(T_0)\, M_e(T)}{\varepsilon_G(T)\, M_e(T_0)}\right]^{1/4} = T_0 \left[\frac{\varepsilon_G(T_0)\, L_e(T)}{\varepsilon_G(T)\, L_e(T_0)}\right]^{1/4}. \quad (7.32)$$

Für die Bestimmung der Temperatur eines realen Strahlers ist also neben dem experimentell zu ermittelnden Verhältnis der spezifischen Ausstrahlungen oder Strahldichten noch die Kenntnis des Gesamtemissionsgrades als Funktion der Temperatur erforderlich.

Bei der sogenannten Isochromatenmethode wird anstelle der spezifischen Ausstrahlung oder Strahldichte die spektrale Strahldichte bei zwei unterschiedlichen Temperaturen, aber der gleichen Wellenlänge gemessen. Führt man die Abkürzung $D = L_{e\lambda}(\lambda, T)/L_{e\lambda}(\lambda, T_0)$ ein, so erhält man im Falle eines schwarzen Strahlers und bei Gültigkeit des WIENschen Gesetzes (7.17) für die gesuchte Temperatur T die Beziehung

$$\frac{1}{T} = \frac{1}{T_0} - \frac{\lambda}{c_2} \ln D. \quad (7.33)$$

Für einen realen Strahler gilt ebenfalls (7.33), wenn die entsprechenden Strahldichtetemperaturen (s. Gl. (7.26)) eingesetzt werden. Reicht das WIENsche Gesetz (7.17) nicht aus, um die angestrebte Meßgenauigkeit zu erzielen, so ist das PLANCKsche Strahlungsgesetz für die Herleitung des Zusammenhangs zwischen T und T_0 zu verwenden. Das liefert anstelle von (7.33) die Relation

$$\frac{1}{T} = \frac{1}{T_0} - \frac{\lambda}{c_2} \ln D - \frac{\lambda}{c_2} \ln \frac{\exp(c_2/\lambda T)}{\exp(c_2/\lambda T) - 1 + D^{-1}}. \quad (7.34)$$

Für den realen nichtschwarzen Strahler sind in (7.34) die Temperaturen T und T_0 durch die gemäß (7.25) definierten entsprechenden Strahldichtetemperaturen zu ersetzen.

Die Gl. (7.34) ist die Grundlage für die Darstellung der IPTS-68 für Temperaturen oberhalb der Erstarrungstemperatur $T(\mathrm{Au})$ des Goldes (s. Tab. 1.1). Für die Ermittlung von $T = T_{68}$ aus (7.34) ist die Verwendung von $T_0 = T(\mathrm{Au}) = 1337{,}58$ K und $c_2 = 1{,}4388 \cdot 10^{-2}$ mK vorgeschrieben [4]. Der bei der Festlegung von T_{68} auftretende Fehler ΔT ergibt sich aus (7.34) zu

$$\Delta T = \frac{T^2}{c_2}\left(\lambda\left|\frac{\Delta D}{D}\right| + |\Delta\lambda \ln D|\right) \tag{7.35}$$

und wird somit durch den Fehler in der Ermittlung des Verhältnisses D der spektralen Strahldichten und der bei der Messung verwendeten Wellenlänge bestimmt. Mit Hilfe der für die Realisierung der IPTS-68 entwickelten sogenannten Standardpyrometer lassen sich heute experimentelle Temperaturfehler von etwa 1 K bei einer Temperatur von 4000 K erreichen.

Die dritte Variante für die optische Messung der Temperatur eines Körpers ist die Isothermenmethode. Hierbei wird die spektrale Strahldichte des Körpers bei zwei oder mehr voneinander verschiedenen Wellenlängen, aber bei der gleichen Temperatur gemessen. Eine Möglichkeit wäre die Ausnutzung des Wienschen Verschiebungsgesetzes (7.19), also die Bestimmung der Wellenlänge λ_m des Maximums der spektralen Strahldichte. Dann ergibt sich die gesuchte Temperatur T im Falle eines schwarzen Strahlers einfach zu $T = b/\lambda_m$ (s. Gl. (7.19)). Für den realen Strahler lautet die Bedingung für das Maximum der spektralen Strahldichte unter Berücksichtigung von (7.15)

$$\frac{\mathrm{d}L_{e\lambda}(\lambda, T)}{\mathrm{d}\lambda} = L_{e\lambda,\mathrm{s}}(\lambda, T)\,\frac{\mathrm{d}\varepsilon\,(\lambda, T)}{\mathrm{d}\lambda} + \varepsilon(\lambda, T)\,\frac{\mathrm{d}L_{e\lambda,\mathrm{s}}(\lambda, T)}{\mathrm{d}\lambda} = 0, \tag{7.36}$$

woraus sich mit Gl. (7.16) die Gleichung

$$\frac{c_2}{\lambda_m T} - \left[5 - \frac{\lambda_m}{\varepsilon(\lambda_m, T)}\left.\frac{\mathrm{d}\varepsilon(\lambda, T)}{\mathrm{d}\lambda}\right|_{\lambda=\lambda_m}\right] \times [1 - \exp(-c_2/\lambda_m T)] = 0 \tag{7.37}$$

für die Bestimmung von T ergibt. Ordnet man diesem Strahler einen schwarzen Strahler zu, der bei der gleichen Wellenlänge λ_m das Maximum seiner spektralen Strahldichte hat, so wird dieser schwarze Strahler eine von T verschiedene Temperatur T_V haben, die sich aus dem Wienschen Verschiebungsgesetz einfach ermitteln läßt und für die folglich die Relation

$$\frac{c_2}{\lambda_m T_V} - 5[1 - \exp(-c_2/\lambda_m T_V)] = 0 \tag{7.38}$$

gilt. Nimmt man an, daß anstelle des PLANCKschen Strahlungsgesetzes (7.16) das WIENsche Gesetz (7.17) verwendet werden kann, so ergibt sich aus (7.37) und (7.38) die Beziehung

$$T = T_V \left[1 - \frac{1}{5} \frac{\lambda_{\rm m}}{\varepsilon(\lambda_{\rm m}, T)} \left.\frac{{\rm d}\varepsilon(\lambda, T)}{{\rm d}\lambda}\right|_{\lambda=\lambda_{\rm m}}\right]^{-1} \tag{7.39}$$

für den Zusammenhang zwischen T und T_V. Da die Messung der spektralen Strahldichte über einen größeren Wellenlängenbereich meist mit einigen experimentellen Schwierigkeiten verknüpft ist (s. dazu die folgenden Abschnitte 7.4. und 7.5.), beschränkt man sich in der Regel auf die Messung der spektralen Strahldichte bei zwei oder nur wenig mehr verschiedenen Wellenlängen.

Wird die spektrale Strahldichte bei zwei Wellenlängen λ_1 und λ_2 gemessen und bezeichnet man das Verhältnis dieser beiden Strahldichten wieder mit $D = L_{e\lambda}(\lambda_2, T)/L_{e\lambda}(\lambda_1, T)$, so gilt für einen schwarzen Strahler gemäß (7.16)

$$D = \left(\frac{\lambda_1}{\lambda_2}\right)^5 \frac{\exp(c_2/\lambda_1 T) - 1}{\exp(c_2/\lambda_2 T) - 1}, \tag{7.40}$$

woraus sich für die gesuchte Temperatur

$$\frac{1}{T} = \frac{\lambda_1\lambda_2}{c_2(\lambda_2 - \lambda_1)} \left[\ln\left\{\left(\frac{\lambda_2}{\lambda_1}\right)^5 D\right\} + \ln \frac{1 - \exp(-c_2/\lambda_2 T)}{1 - \exp(-c_2/\lambda_1 T)}\right] \tag{7.41}$$

ergibt, was sich im Falle der Gültigkeit des WIENschen Gesetzes (7.17) zu

$$\frac{1}{T} = \frac{\lambda_1\lambda_2}{c_2(\lambda_2 - \lambda_1)} \ln\left[\left(\frac{\lambda_2}{\lambda_1}\right)^5 D\right] \tag{7.42}$$

vereinfacht. Für einen realen Strahler mit dem spektralen Emissionsgrad $\varepsilon(\lambda, T)$ ergibt sich die Beziehung für die gesuchte Temperatur gemäß (7.15) dadurch, daß man in Gl. (7.41) in der eckigen Klammer noch einen Summanden der Größe $\ln[\varepsilon(\lambda_1, T)/\varepsilon(\lambda_2, T)]$ hinzufügt. Bei Anwendbarkeit des WIENschen Gesetzes (7.17) führt das zu

$$\frac{1}{T} = \frac{\lambda_1\lambda_2}{c_2(\lambda_2 - \lambda_1)} \left\{\ln\left[\left(\frac{\lambda_2}{\lambda_1}\right)^5 D\right] + \ln\frac{\varepsilon(\lambda_1, T)}{\varepsilon(\lambda_2, T)}\right\}. \tag{7.43}$$

Neuere Untersuchungen haben gezeigt, daß eine Erweiterung des Verfahrens auf die Messung der spektralen Strahldichte bei mehr als zwei oder drei verschiedenen Wellenlängen im allgemeinen keinen Gewinn an Genauigkeit bei der Temperaturbestimmung bringt [45].

Alle beschriebenen Verfahren für die optische Temperaturmessung erfordern die Messung von Spektraldichten oder Spektraldichteverhältnissen. Einige der hierfür möglichen Meßgerätevarianten werden in den beiden folgenden Abschnitten beschrieben. Aus den für die Bestimmung der Temperatur realer Körper abgeleiteten Beziehungen (7.32), (7.33) (in Kombination mit (7.26)), (7.39) und (7.43) sieht man, daß die Kenntnis des spektralen Emissionsgrades $\varepsilon(\lambda, T)$ bzw. des Gesamtemissionsgrades $\varepsilon_G(T)$ eine notwendige Voraussetzung darstellt. Verfahren zur Bestimmung dieser Größen sind beispielsweise in [4, 44] beschrieben, ausführliche Zusammenstellungen bekannter Daten für eine Vielzahl von Substanzen findet man in [16, 17].

7.4. Visuelle Pyrometer

Bei den visuellen Pyrometern erfolgt die Bewertung der Temperaturstrahlung von Körpern mit dem menschlichen Auge, das heißt, es werden die Leuchtdichte oder die aus ihr ableitbaren anderen photometrischen Größen (s. Abschn. 7.1.) bestimmt bzw. Leuchtdichtewerte miteinander verglichen. Die Verwendung des menschlichen Auges als Strahlungsdetektor legt auch gleichzeitig den Einsatzbereich der visuellen Pyrometer fest, da die Strahlung noch einen durch das Auge wahrnehmbaren Anteil an Strahlungsleistung im sichtbaren Spektralbereich (Abb. 7.2) enthalten muß. Diese Bedingung ist für Temperaturen oberhalb etwa 950 K erfüllt.

Die Wirkungsweise der visuellen Pyrometer soll hier am Beispiel des Glühfadenpyrometers erläutert werden, einem der wichtigsten Instrumente der optischen Pyrometrie (bezüglich anderer Typen visueller Pyrometer sei auf die einschlägige Literatur verwiesen [3, 4, 14, 15]). Der prinzipielle Aufbau eines Glühfadenpyrometers ist in Abb. 7.7 dargestellt. Das strahlende Meßobjekt wird mit einem Fernrohr betrachtet, dessen Objektiv in der Mittelebene der Pyrometerlampe ein reelles Bild der strahlenden Oberfläche des Objekts erzeugt. Das Auge betrachtet durch

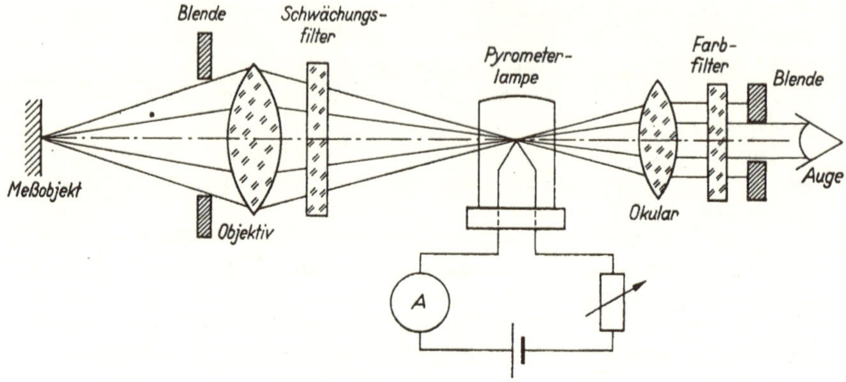

Abb. 7.7. Prinzipieller Aufbau eines Glühfadenpyrometers

ein Okular und durch ein Farbfilter sowohl dieses reelle Bild als auch die Spitze des Glühfadens der Pyrometerlampe und vergleicht dabei die Leuchtdichte des Bildes mit der Leuchtdichte des Glühfadens. Die Einstellung auf gleiche Leuchtdichte des Bildes und der Spitze des Glühfadens (die Spitze des Glühfadens darf im Bildfeld des Meßobjekts nicht mehr sichtbar sein) erfolgt durch elektrische Helligkeitsregelung des Glühfadens der Pyrometerlampe und meßbare Abschwächung der Strahlung des Meßobjekts mit Hilfe des hinter dem Objektiv angeordneten Schwächungsfilters (rotierender Sektor, Graufilter, Graukeil). Die

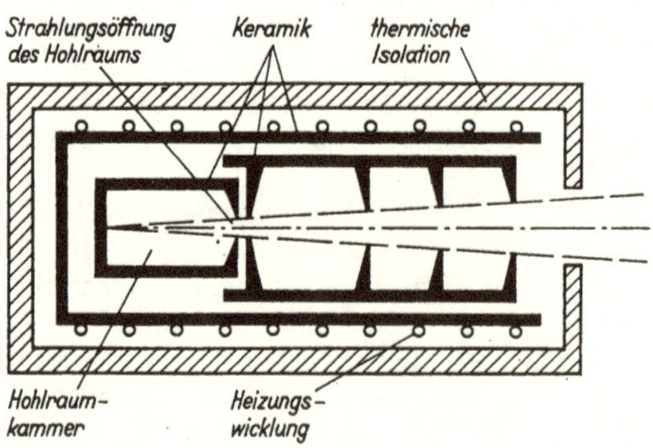

Abb. 7.8. Schema eines Hohlraumstrahlers mit veränderlicher Temperatur

Eichung des Pyrometers erfolgt mit Hilfe eines schwarzen Strahlers in Form eines Hohlraumstrahlers, dessen Temperatur verändert werden kann (Abb. 7.8). Die vom Auge wahrgenommene Leuchtdichte $L_{v,\mathrm{S}}(T)$ des Hohlraumstrahlers wird dann gemäß (7.9) und Abb. 7.7

$$L_{v,\mathrm{S}}(T) = K \int L_{e\lambda,\mathrm{S}}(\lambda, T)\, F(\lambda)\, V(\lambda)\, \mathrm{d}\lambda, \tag{7.44}$$

wobei $F(\lambda)$ der spektrale Transmissionsgrad des Farbfilters ist und als bekannt vorausgesetzt wird. Außerdem gilt (7.44) natürlich nur dann, wenn keine Strahlungsverluste durch die optischen Bauteile (Objektiv, Okular, Glas der Pyrometerlampe) auftreten und das Schwächungsfilter herausgenommen ist. Der elektrische Strom I durch den Glühfaden der Pyrometerlampe wird nun so eingeregelt, daß die vom Auge ebenfalls registrierte Leuchtdichte $L_{v,\mathrm{P}}(I)$ gleich der Leuchtdichte $L_{v,\mathrm{S}}(T)$ des schwarzen Strahlers ist. Auf diese Weise erhält man eine eindeutige Zuordnung zwischen der Temperatur T des schwarzen Strahlers und dem Strom I, $T = f(I)$.

Als Pyrometerlampen werden meist Wolframbandlampen verwendet, die bei geeigneter Konstruktion Betriebstemperaturen bis zu etwa 2800 K erlauben [10]. Die Farbfilter sind entweder in der Schmelze eingefärbte Glasfilter oder Interferenzfilter, für die das Maximum des spektralen Transmissionsgrades meist bei etwa 650 nm liegt.

Soll jetzt die Temperatur eines nichtschwarzen Körpers bestimmt werden, der sich auf der Temperatur T_M befindet und der einen spektralen Emissionsgrad $\varepsilon_\mathrm{M}(\lambda, T)$ besitzt, so wird das Abbild des Meßobjekts in Analogie zu (7.44) eine Leuchtdichte

$$L_v(T_\mathrm{M}) = K \int L_{e\lambda}(\lambda, T_\mathrm{M})\, F(\lambda)\, V(\lambda)\, \mathrm{d}\lambda \tag{7.45}$$

aufweisen. Durch Variation des Lampenstroms wird nun der Zustand $L_v(T_\mathrm{M}) = L_{v,\mathrm{P}}(I) = L_{v,\mathrm{S}}(T)$ eingestellt, dem unter Berücksichtigung von (7.44) die Gleichung

$$\frac{\int L_{e\lambda,\mathrm{S}}(\lambda, T)\, F(\lambda)\, V(\lambda)\, \mathrm{d}\lambda}{\int L_{e\lambda}(\lambda, T_\mathrm{M})\, F(\lambda)\, V(\lambda)\, \mathrm{d}\lambda} = 1 \tag{7.46}$$

entspricht. Ersetzt man noch gemäß (7.15) $L_{e\lambda}(\lambda, T_\mathrm{M})$ in (7.46) durch $\varepsilon_\mathrm{M}(\lambda, T_\mathrm{M})\, L_{e\lambda,\mathrm{S}}(\lambda, T_\mathrm{M})$ und setzt den spektralen Verlauf von $\varepsilon_\mathrm{M}(\lambda, T_\mathrm{M})$ als bekannt voraus, so läßt sich T_M auf rechnerischem Wege aus (7.46) ermitteln, da dann alle Größen außer

T_M bekannt sind. Geht es um die Messung der Temperatur eines schwarzen Strahlers, so ist natürlich $T_M = T$.

Eine andere, vielfach ausgenutzte Variante für die Bestimmung von T_M aus (7.46), die den rechnerischen Weg umgeht, besteht in der Einführung der sogenannten wirksamen Grenzwellenlänge. Mißt man die Leuchtdichten $L_{v,S}(T)$ und $L_{v,S}(T_0)$ eines Hohlraumstrahlers bei zwei unterschiedlichen Temperaturen T und T_0, so läßt sich unter Anwendung des ersten Mittelwertsatzes der Integralrechnung zeigen, daß stets eindeutig eine Wellenlänge λ_w bestimmt werden kann, für die

$$\frac{\int L_{e\lambda,S}(\lambda, T)\, F(\lambda)\, V(\lambda)\, d\lambda}{\int L_{e\lambda,S}(\lambda, T_0)\, F(\lambda)\, V(\lambda)\, d\lambda} = \frac{L_{e\lambda,S}(\lambda_w, T)}{L_{e\lambda,S}(\lambda_w, T_0)} \tag{7.47}$$

gilt. Die Wellenlänge λ_w, die bei vorgegebenem Verlauf von $F(\lambda)$ nur noch eine Funktion der beiden Temperaturen T und T_0 ist, heißt wirksame Wellenlänge. Für die Auswertung von (7.46) ist nun offenbar der Grenzwert von $\lambda_w(T, T_0)$ für $T_0 \to T$ von Interesse, der als wirksame Grenzwellenlänge $\lambda_g(T)$ bezeichnet wird. Für den Fall, daß die spektrale Strahldichte des schwarzen Strahlers durch das WIENsche Strahlungsgesetz (7.17) mit hinreichender Genauigkeit beschrieben werden kann, erhält man aus (7.47)

$$\lambda_w(T, T_0) = \frac{c_2\left(\frac{1}{T_0} - \frac{1}{T}\right)}{\ln \int L_{e\lambda,S}(\lambda, T)\, F(\lambda)\, V(\lambda)\, d\lambda - \ln \int L_{e\lambda,S}(\lambda, T_0)\, F(\lambda)\, V(\lambda)\, d\lambda}, \tag{7.48}$$

woraus sich bei Bildung des Grenzwertes $\lim\limits_{T_0 \to T} \lambda_w(T, T_0)$ unter Beachtung der Regel von L'HOSPITAL

$$\lambda_g(T) = \frac{\int L_{e\lambda,S}(\lambda, T)\, F(\lambda)\, V(\lambda)\, d\lambda}{\int \frac{1}{\lambda} L_{e\lambda,S}(\lambda, T)\, F(\lambda)\, V(\lambda)\, d\lambda} \tag{7.49}$$

ergibt. Die wirksame Grenzwellenlänge kann somit für jedes $F(\lambda)$ mit (7.49) berechnet und in Form einer Tabelle oder Kurve angegeben werden.

Beachtet man noch die Definition der Strahldichtetemperatur (7.24), so folgt aus (7.46) und (7.47)

$$\frac{\int L_{e\lambda,\mathrm{S}}(\lambda, T)\, F(\lambda)\, V(\lambda)\, \mathrm{d}\lambda}{\int L_{e\lambda,\mathrm{S}}(\lambda, T_{\mathrm{M,S}})\, F(\lambda)\, V(\lambda)\, \mathrm{d}\lambda} = \frac{L_{e\lambda,\mathrm{S}}(\lambda_{\mathrm{w}}, T)}{L_{e\lambda,\mathrm{S}}(\lambda_{\mathrm{w}}, T_{\mathrm{M,S}})} = 1 \tag{7.50}$$

und damit $T = T_{\mathrm{M,S}}\big(\lambda_{\mathrm{w}}(T, T_{\mathrm{M,S}})\big) = T_{\mathrm{M,S}}\big(\lambda_{\mathrm{g}}(T_{\mathrm{M,S}})\big)$, wobei $T_{\mathrm{M,S}}$ die Strahldichtetemperatur des betrachteten nichtschwarzen Körpers der Temperatur T_{M} ist. Aus der so ermittelten Temperatur $T_{\mathrm{M,S}}$ läßt sich mit Gl. (7.26) die tatsächliche Temperatur T_{M} des Körpers berechnen, wenn man in Gl. (7.26) für die Wellenlänge $\lambda = \lambda_{\mathrm{g}}(T_{\mathrm{M,S}})$ einsetzt und den spektralen Emissionsgrad als bekannt voraussetzt.

Liegt die Leuchtdichte $L_v(T_{\mathrm{M}})$ des Meßobjekts oberhalb der bei maximal zulässigem Strom I erreichbaren Leuchtdichte $L_{v,\mathrm{P}}(I)$ des Glühfadens der Pyrometerlampe, so muß die vom Meßobjekt ausgehende Strahlung durch das Schwächungsfilter so weit abgeschwächt werden, bis die reduzierte Leuchtdichte im Meßbebeich des Pyrometers liegt. Dann gilt nach dem Abgleich der Leuchtdichten anstelle von (7.46) die Beziehung

$$\frac{\int L_{e\lambda,\mathrm{S}}(\lambda, T)\, F(\lambda)\, V(\lambda)\, \mathrm{d}\lambda}{\int L_{e\lambda,\mathrm{S}}(\lambda, T_{\mathrm{M}})\, \tau(\lambda)\, F(\lambda)\, V(\lambda\, \mathrm{d}\lambda)} = 1, \tag{7.51}$$

wobei $\tau(\lambda)$ der spektrale Transmissionsgrad des Schwächungsfilters ist. Führt man jetzt eine Strahldichtetemperatur $T'_{\mathrm{M,S}}$ für die abgeschwächte Strahlung des Meßobjekts gemäß

$$\tau(\lambda)\, L_{e\lambda}(\lambda, T_{\mathrm{M}}) = L_{e\lambda,\mathrm{S}}(\lambda, T'_{\mathrm{M,S}}) \tag{7.52}$$

ein, so gilt wieder Gl. (7.50) mit $T = T'_{\mathrm{M,S}}\big(\lambda_{\mathrm{g}}(T'_{\mathrm{M,S}})\big)$. Für die wahre Temperatur T_{M} des Meßobjekts folgt dann aus (7.26) und (7.52) mit $\lambda_{\mathrm{g}}(T'_{\mathrm{M,S}}) = \lambda_{\mathrm{g}}$

$$\frac{1}{T_{\mathrm{M}}} = \frac{1}{T'_{\mathrm{M,S}}} + \frac{\lambda_{\mathrm{g}}}{c_2} \ln \varepsilon(\lambda_{\mathrm{g}}, T_{\mathrm{M}}) + \frac{\lambda_{\mathrm{g}}}{c_2} \ln \tau(\lambda_{\mathrm{g}}). \tag{7.53}$$

Ist das WIENsche Gesetz (7.17) für die Beschreibung der Strahlungsverhältnisse zu ungenau, so ist die rechnerische Ermittlung von T_{M} aus (7.46) vorzuziehen, da sich dann keine solche einfache Beziehung (7.49) für die wirksame Grenzwellenlänge ableiten läßt.

Als Schwächungsfilter werden rotierende Sektoren, Graufilter und Graukeile verwendet. Unter einem rotierenden Sektor versteht man eine schnell rotierende Scheibe mit einem radial verlaufenden Sektorausschnitt (Abb. 7.9), die somit das vom Strahler ausgehende Licht während jedes Umlaufs nur für einen bestimmten Bruchteil der Umlaufdauer hindurchläßt. Der spektrale Transmissionsgrad $\tau(\lambda)$ eines solchen rotierenden Sektors ist unabhängig von der Wellenlänge der Strahlung und gleich $\tau = \varphi/360°$, wenn φ der Öffnungswinkel des Sektors ist. Der Transmissionsgrad τ ist nach unten dadurch begrenzt, daß φ nicht beliebig klein gemacht werden kann (der Minimalwert dürfte bei 3—4° liegen).

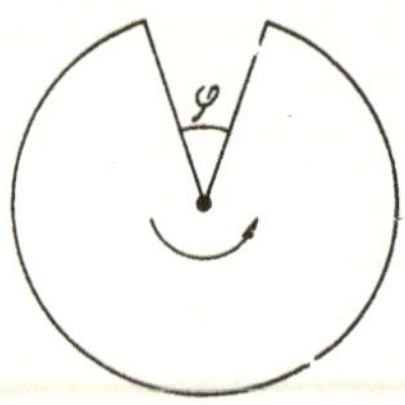

Abb. 7.9. Rotierender Sektor

Graufilter oder Graukeile sind meist Glasfilter, die so eingefärbt sind, daß sie zumindest in bestimmten Spektralbereichen eine von der Wellenlänge nahezu unabhängige Transmission zeigen. Bezüglich weitergehender Einzelheiten über Filter siehe [46].

Schließlich kann man ein Glühfadenpyrometer auch so betreiben, daß man den Lampenstrom I konstant hält, der Glühfaden also eine unveränderliche Leuchtdichte $L_{v,\text{P}}$ besitzt, die gemäß (7.44) einer damit fest vorgegebenen Temperatur eines als Meßobjekt verwendeten schwarzen Strahlers entspricht. Mit einem solchen Pyrometer lassen sich die Temperaturen T_M aller solcher Körper bestimmen, deren Leuchtdichte $L_v(T_\text{M})$ größer als $L_{v,\text{P}}$ ist. Der Abgleich $L_{v,\text{P}} = \int L_{e\lambda}(\lambda, T_\text{M})\, F(\lambda)\, V(\lambda)\, \tau(\lambda)\, \mathrm{d}\lambda$ wird allein durch meßbare Variation des Transmissionsgrades $\tau(\lambda)$ des Schwächungsfilters erreicht. Für die Bestimmung der Temperatur T_M gelten dann wieder die Beziehungen (7.51) bis (7.53).

7.5. Objektive Pyrometer

Werden anstelle des menschlichen Auges physikalische Strahlungsempfänger für die Bewertung der Strahlung eingesetzt, so spricht man von objektiven Pyrometern. Diese Pyrometer besitzen gegenüber den visuellen Pyrometern eine Reihe von Vorteilen, die hier kurz genannt werden sollen. Erstens kann mit objektiven Pyrometern nicht nur wie beim Glühfadenpyrometer die Isochromatenmethode, sondern auch die Gesamtstrahlungsmethode und die Isothermenmethode (s. Abschn. 7.3.) für die Temperaturmessung ausgenutzt werden. Zweitens gibt es Strahlungsempfänger für den gesamten in der optischen Pyrometrie interessierenden Wellenlängenbereich (s. dazu etwa [46]), so daß die pyrometrische Temperaturmessung auf Temperaturen unterhalb etwa 1000 K ausgedehnt werden kann. Durch Einsatz entsprechender infrarotempfindlicher Detektoren lassen sich Temperaturmessungen bis herunter zu etwa 200 K ausführen. Schließlich lassen sich mit physikalischen Strahlungsempfängern meist kürzere Meßzeiten und auch größere Empfindlichkeiten (Einsatz von Modulationsverfahren) erreichen.

Die wichtigsten, den Einsatzbereich eines objektiven Pyrometers bestimmenden Parameter des verwendeten Strahlungsempfängers sind seine Empfindlichkeit, seine Zeitkonstante und seine Anzeigelinearität. In Anbetracht der heute zur Verfügung stehenden Vielzahl von Strahlungsdetektoren kann bezüglich detaillierter Angaben zu den sie charakterisierenden Parametern nur auf die einschlägige Spezialliteratur verwiesen werden [4, 46]. Prinzipiell ist jedoch zu berücksichtigen, daß jeder Strahlungsempfänger eine von der Wellenlänge λ der auftreffenden Strahlung abhängige Empfindlichkeit aufweist. Für die folgenden Betrachtungen wird die auf das Maximum der Empfindlichkeit bezogene relative spektrale Empfindlichkeit eines Strahlungsempfängers mit $A(\lambda)$ bezeichnet.

7.5.1. *Gesamtstrahlungspyrometer*

Die Gesamtstrahlungspyrometer basieren auf der Ausnutzung der Beziehungen (7.31) bzw. (7.32), das heißt, es muß die Strahldichte oder die spezifische Ausstrahlung des sich auf der Temperatur T befindlichen Meßobjekts und eines sich auf der bekannten Temperatur T_0 befindlichen Vergleichsstrahlers gemessen werden. Als Strahlungsempfänger kommen in diesem Falle nur die thermischen Detektoren (pneumatische Detektoren (GOLAY-Detektoren), Strahlungsthermoelemente, Bolometer) in Frage, in denen die auftreffende Strahlung durch eine schwarze Empfängerfläche vollständig absorbiert und in Wärmeenergie umgewandelt wird, so daß sich eine von der Wellenlänge unabhängige Empfindlichkeit ergibt. Für die optischen Bauelemente zur Strahlführung sollten Spiegel eingesetzt werden, da die für die Herstellung von Linsen verwendbaren Materialien meist nur eine begrenzte Durchlässigkeit im infraroten Spektralbereich besitzen (s. [46]).

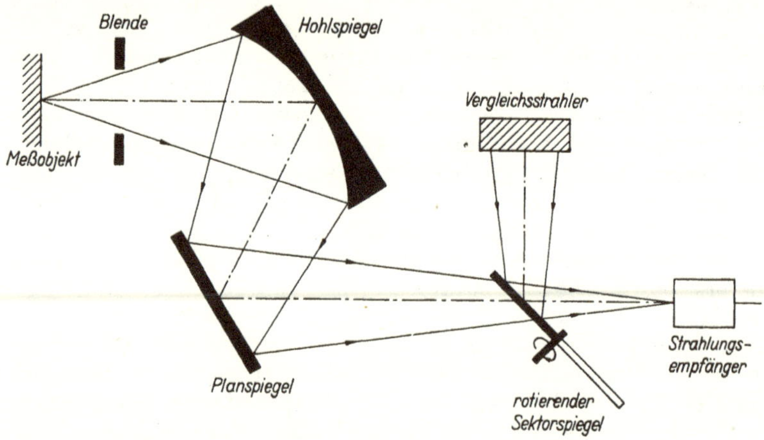

Abb. 7.10. Prinzipieller Aufbau des optischen Meßkopfs eines Gesamtstrahlungspyrometers

Eine mögliche Variante für den Aufbau des optischen Teils eines Gesamtstrahlungspyrometers zeigt Abb. 7.10. Durch den rotierenden Sektorspiegel wird erreicht, daß abwechselnd während gleich langer Zeitintervalle die Strahlung des Meßobjekts und des Vergleichsstrahlers auf den Strahlungsdetektor gelangt. Aus dem dementsprechend modulierten elektrischen Ausgangssignal des Strahlungsempfängers wird auf elektronischem Wege direkt das Verhältnis der beiden Strahldichten gebildet, aus dem bei bekanntem T_0 und bekannten Gesamtemissionsgraden des Meßobjekts und des Vergleichsstrahlers mit Hilfe der Gl. (7.32) sofort die gesuchte Temperatur T berechnet werden kann.

7.5.2. *Strahldichtepyrometer*

Die Strahldichtepyrometer basieren auf der in Abschnitt 7.3. beschriebenen Isochromatenmethode. In ihrem prinzipiellen Aufbau ähneln sie den Gesamtstrahlungspyrometern. Der in

Abb. 7.10 gezeigte Aufbau könnte sofort zu einem Strahldichte-pyrometer umgebaut werden, indem man vor den Strahlungs-empfänger ein Farbfilter mit dem gewünschten spektralen Trans-missionsgrad $F(\lambda)$ setzt. Verwendet man etwa noch anstelle eines thermischen Empfängers einen anderen Detektor mit einer rela-tiven spektralen Empfindlichkeit $A(\lambda)$, so erhält man als Ergeb-nis der Messung die Größe

$$D = \frac{\int L_{e\lambda,\mathrm{M}}(\lambda, T)\, F(\lambda)\, A(\lambda)\, \mathrm{d}\lambda}{\int L_{e\lambda,\mathrm{V}}(\lambda, T_0)\, F(\lambda)\, A(\lambda)\, \mathrm{d}\lambda}, \tag{7.54}$$

wobei $L_{e\lambda,\mathrm{M}}$ und $L_{e\lambda,\mathrm{V}}$ die spektralen Strahldichten des Meßob-jekts bzw. des Vergleichsstrahlers sind. Handelt es sich sowohl beim Meßobjekt als auch beim Vergleichsstrahler um schwarze Strahler, so läßt sich Gl. (7.54) wie die Gl. (7.47) durch die Ein-führung der wirksamen Wellenlänge $\lambda_\mathrm{w}(T, T_0)$ vereinfachen. Gilt außerdem noch das WIENsche Gesetz (7.17), so ergibt sich T aus der Beziehung

$$\frac{1}{T} = \frac{1}{T_0} - \frac{\lambda_\mathrm{w}(T, T_0)}{c_2} \ln D. \tag{7.55}$$

Handelt es sich dagegen um reale Strahler, so gilt (7.55) für die durch (7.24) bzw. (7.26) definierten entsprechenden Strahldichte-temperaturen bei der Wellenlänge $\lambda_\mathrm{w}(T_\mathrm{S}, T_{0,\mathrm{S}})$.

Eine andere Möglichkeit der Temperaturmessung mit dem Strahldichtepyrometer besteht darin, durch Abschwächung der Strahlung des Meßobjekts oder des Vergleichsstrahlers mit Hilfe eines Graukeils den Zustand $D = 1$ einzustellen. Dann ergibt sich eine Beziehung vom Typ der Gl. (7.51), wenn man dort $V(\lambda)$ durch $A(\lambda)$ ersetzt. Die Auswertung erfolgt dann durch Einführung der wirksamen Grenzwellenlänge und führt zu einem zu (7.53) analogen Ausdruck für die gesuchte Temperatur T. Wenn das WIENsche Gesetz nicht zu einer hinreichend genauen Be-schreibung der spektralen Strahldichten ausreicht, ist wie im Falle des Glühfadenpyrometers (s. Abschn. 7.4.) eine rechnerische Auswertung der Strahldichteverhältnisse erforderlich.

7.5.3. *Quotientenpyrometer*

Die Quotientenpyrometer basieren auf der Isothermenmethode, also auf der Messung der spektralen Strahldichte eines auf der Temperatur T befindlichen Körpers bei zwei unterschiedlichen

Wellenlängen. Sie besitzen gegenüber dem Gesamtstrahlungspyrometer und dem Strahldichtepyrometer den Vorteil, daß sie keine Vergleichslampe benötigen. Der prinzipielle Aufbau eines solchen Quotientenpyrometers ist in Abb. 7.11 gezeigt. Die Strahlung des Meßobjekts gelangt abwechselnd durch die rotierenden Filter λ_1 und λ_2 auf den Empfänger. Das Verhältnis V der beiden Strahldichten wird wieder durch eine dem Empfänger nach-

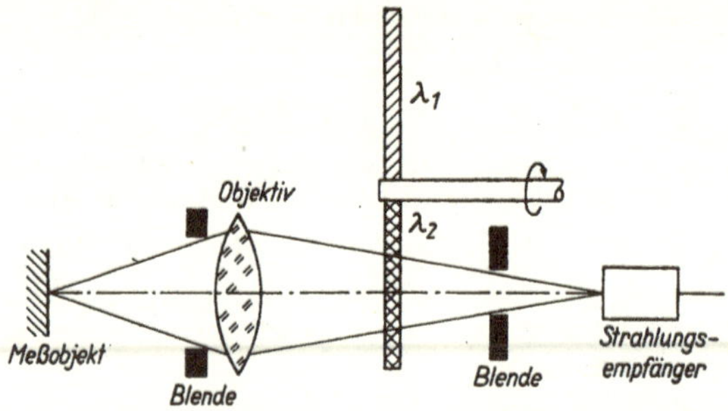

Abb. 7.11. Schema für den optischen Meßkopf eines Quotientenpyrometers

geschaltete elektronische Schaltung gebildet. Haben die beiden Filter λ_1 und λ_2 die spektralen Transmissionsgrade $F_1(\lambda)$ bzw. $F_2(\lambda)$ und der verwendete Empfänger die relative spektrale Empfindlichkeit $A(\lambda)$, so gilt für das Verhältnis V die Beziehung

$$V = \frac{\int L_{e\lambda}(\lambda, T)\, F_1(\lambda)\, A(\lambda)\, d\lambda}{\int L_{e\lambda}(\lambda, T)\, F_2(\lambda)\, A(\lambda)\, d\lambda}, \tag{7.56}$$

welches für die Bestimmung von T rechnerisch auszuwerten ist. Werden Interferenzfilter verwendet, so lassen sich die Integrale in (7.56) in erster Näherung durch ihre Integranden an den Wellenlängen maximaler Transmission der Filter bei λ_1 und λ_2 ersetzen. Da die $F_i(\lambda)$ und $A(\lambda)$ als bekannt vorausgesetzt werden können, erhält man aus V sofort das Verhältnis der spektralen Strahldichten bei λ_1 und λ_2 und kann dann mit Hilfe der Gln. (7.42) oder (7.43) die Temperatur T berechnen. Ist dieser Temperaturwert noch zu ungenau, so kann er als Anfangswert für die Lösung von (7.56) verwendet werden.

Quotientenpyrometer haben bisher keine so weite Verbreitung gefunden wie etwa die auf der Isochromatenmethode basierenden

Glühfadenpyrometer oder Strahldichtepyrometer. Das liegt vor allem daran, daß der experimentelle Aufwand relativ hoch ist (s. etwa [47]) und auch die Auswertung der Gl. (7.56) nicht so einfach ist wie die Ermittlung der Temperatur im Falle der anderen Pyrometertypen.

7.6. Fehlerquellen

Neben einer Reihe von Einflußfaktoren, die insbesondere bei Präzisionsmessungen zu beachten sind und hier nicht diskutiert werden sollen (s. hierzu etwa [4]), gibt es eine ganze Anzahl von Fehlerursachen, die auch in der praktischen Pyrometrie zu einer systematischen Verfälschung der Ergebnisse pyrometrischer Temperaturmessungen führen können. Dazu gehören Unsicherheiten in der Strahlungsschwächung, Streulichteffekte, Abweichungen von der Anzeigelinearität bei Strahlungsempfängern, Änderungen in den verwendeten Bezugstemperaturen durch Alterung der Vergleichsstrahler sowie Abweichungen des tatsächlichen spektralen Emissionsgrades untersuchter Materialien von den in der Literatur veröffentlichten Werten. In den meisten Fällen lassen sich die dadurch verursachten Fehler jedoch entweder rechnerisch oder durch Zusatzmessungen ermitteln. Eine weitere Fehlerquelle kann dadurch entstehen, daß auf die beobachtete Fläche des Meßobjekts Strahlung von einer Fremdquelle auftrifft, die an der Meßobjektoberfläche reflektiert wird und damit zusätzlich zu der eigentlich interessierenden Eigenstrahlung des Meßobjekts in das Pyrometer gelangen kann. Bei den Gesamtstrahlungspyrometern kann als zusätzlicher Fehler noch die Absorption von Strahlung durch den in der Luft stets vorhandenen Wasserdampf oder durch andere Gase auftreten.

8. Andere Temperaturmeßverfahren

In den Abschnitten 2 bis 7 sind Methoden für die Temperaturmessung beschrieben worden, die sich eine Vielzahl wissenschaftlicher und technischer Anwendungsbereiche erschlossen haben. Dementsprechend vielfältig sind auch die praktischen Ausführungsformen der auf diesen Methoden basierenden Thermometer. In diesem Abschnitt soll nun einmal auf zwar seit langem bekannte und prinzipiell wichtige, aber aus den verschiedensten Gründen in der Praxis wenig genutzte Thermometertypen und zum anderen auf einige neuere, insbesondere mit der Messung extrem tiefer Temperaturen verknüpfte Entwicklungsrichtungen kurz eingegangen werden.

8.1. Rauschthermometer

In einem Leiter findet ständig eine ungeordnete thermische Bewegung der Ladungsträger statt. Das führt dazu, daß sich der gemeinsame Ladungsschwerpunkt aller Ladungsträger statistisch um eine Gleichgewichtslage herum bewegen wird, so daß zwischen den Leiterenden eine stochastische und ihr Vorzeichen schnell wechselnde Spannung um den Mittelwert Null auftritt. Diese Erscheinung wird als Widerstandsrauschen bezeichnet und ist von Nyquist theoretisch untersucht worden. Geht man von dem allgemeineren Fall eines passiven Netzwerkes mit einer von der Frequenz f abhängenden komplexen Impedanz $Z(f)$ aus, so gilt für das mittlere Quadrat der zwischen den Enden des Netzwerks auftretenden Rauschspannung in differentieller Schreibweise

$$\mathrm{d}\overline{U^2} = \frac{4hf\,\mathrm{Re}\,(Z(f))}{\exp\,(hf/kT) - 1}\,\mathrm{d}f. \tag{8.1}$$

Nimmt man an, daß der Realteil $\mathrm{Re}\,(Z(f))$ der Impedanz frequenzunabhängig ist und aus einem ohmschen Widerstand R besteht, und berücksichtigt man außerdem, daß für alle interessierenden Fälle ($T > 0{,}1$ K, $f < 10^5$ Hz) die Ungleichung $hf \ll kT$ gut erfüllt ist, so vereinfacht sich (8.1) zu

$$\mathrm{d}\overline{U^2} = 4kTR\,\mathrm{d}f. \tag{8.2}$$

Integriert man (8.2) über ein bestimmtes Frequenzintervall zwischen einer unteren und oberen Frequenzgrenze f_u bzw. f_o, so wird schließlich

$$\overline{U^2} = 4kTR\,\Delta f \tag{8.3}$$

mit $\Delta f = f_o - f_u$. Wird also das mittlere Rauschspannungsquadrat $\overline{U^2}$ in einem bekannten Frequenzintervall Δf gemessen und ist der Widerstand R bekannt, so läßt sich auf diese Weise die Temperatur T des Widerstands bestimmen. Die auf der Ausnutzung dieser Erscheinung basierenden Temperaturmeßgeräte werden als Rauschthermometer bezeichnet.

Die Hauptschwierigkeit bei der Ausnutzung des Widerstandsrauschens für die Temperaturmessung liegt vor allem darin, daß die auftretenden Meßspannungen (Wurzel aus $\overline{U^2}$) im Bereich von 10^{-6} V und darunter liegen und demzufolge einen dement-

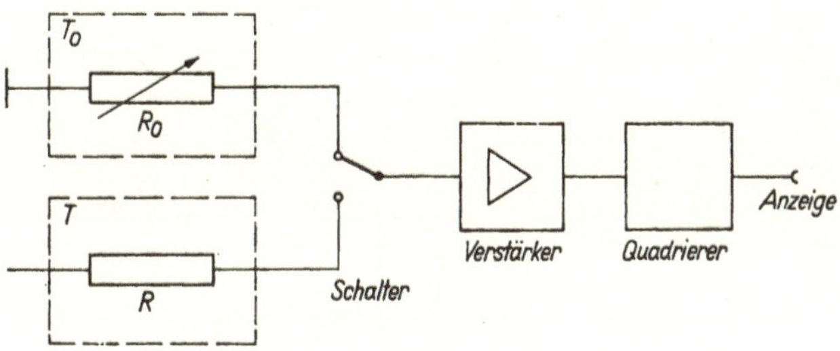

Abb. 8.1. Prinzipschaltung für ein Rauschthermometer

sprechend hohen elektronischen Aufwand für ihre Absolutmessung erfordern würden. Bei der praktischen Konstruktion von Rauschthermometern werden deshalb immer Vergleichsverfahren gewählt. Eine mögliche Variante ist schematisch in Abb. 8.1 dargestellt. Der Meßwiderstand R und der veränderliche Vergleichswiderstand R_0, der sich auf einer bekannten Bezugstemperatur T_0 befindet (etwa dem Eispunkt des Wassers), werden nacheinander an das elektronische Verstärkersystem angeschlossen. Dann wird R_0 so eingestellt, daß $\overline{U^2} = \overline{U_0^2}$ wird. Für die gesuchte Temperatur T gilt dann gemäß (8.3)

$$T = \frac{R_0}{R} T_0. \tag{8.4}$$

Das Eigenrauschen der elektronischen Meßanordnung kann mit der Methode der Kreuzmodulation weitgehend eliminiert werden [48].

Wie neuere Untersuchungen gezeigt haben, lassen sich Rauschthermometer bei Verwendung üblicher elektronischer Meßmittel im Temperaturbereich $T = 1 \cdots 3000$ K einsetzen [10, 48, 49]. Beim Einsatz von auf dem Josephson-Effekt basierenden supraleitenden Bauelementen für den Nachweis des Widerstandsrauschens sind Temperaturmessungen bis herunter in den Millikelvinbereich möglich [50].

8.2. Akustisches Thermometer

Die Schallgeschwindigkeit v in einem idealen Gas ist über die einfache Beziehung

$$v^2 = \frac{c_p}{c_v} \frac{RT}{M} \tag{8.5}$$

mit der Temperatur T des Gases verknüpft. Hier sind c_p und c_v die spezifischen Wärmekapazitäten des Gases bei konstantem Druck bzw. konstantem Volumen (für ein ideales Gas gilt $c_p/c_v = 5/3$), R die Gaskonstante und M die Molmasse des Gases. Muß die Abweichung vom idealen Gaszustand berücksichtigt werden, so schreibt man anstelle von (8.5)

$$v^2 = A_0(T) + A_1(T)\,p + A_2(T)\,p^2 + \cdots, \tag{8.6}$$

wobei $A_0(T) = c_pRT/c_vM$ ist und die Größen $A_1(T)$, $A_2(T)$ usw. als akustische Virialkoeffizienten bezeichnet werden. Sie hängen in eindeutig angebbarer Weise mit den in Abschn. 2.1., Gl. (2.3) eingeführten Virialkoeffizienten $B(T)$, $C(T)$ usw. zusammen, die für die Beschreibung der Zustandsgleichung realer Gase eingeführt wurden. Für die Koeffizienten $A_1(T)$ und $A_2(T)$ erhält man

$$A_1(T) = \frac{c_p}{c_vM}\left\{2B + \frac{4T}{3}\frac{dB}{dT} + \frac{4T^2}{15}\frac{d^2B}{dT^2}\right\}, \tag{8.7a}$$

$$\begin{aligned} A_2(T) = \frac{c_p}{c_vRTM}\Bigg\{&\frac{13}{5}\,C + \frac{16T}{15}\frac{dC}{dT} + \frac{2T^2}{15}\frac{d^2C}{dT^2} - \frac{8}{5}\,B^2 \\ &+ \frac{98}{45}\left(T\frac{dB}{dT}\right)^2 + \frac{8}{45}\left(T^2\frac{d^2B}{dT^2}\right)^2 + \frac{8}{15}\,TB\frac{dB}{dT} \\ &+ \frac{4}{15}\,T^2B\frac{d^2B}{dT^2} + \frac{56}{45}\,T^3\frac{dB}{dT}\frac{d^2B}{dT^2}\Bigg\}. \end{aligned} \tag{8.7b}$$

Die Berechnung der akustischen Virialkoeffizienten mit Hilfe von (8.7) erfordert folglich eine sehr genaue Kenntnis der Virialkoeffizienten $B(T)$ und $C(T)$, da neben ihren Werten selbst auch noch ihre ersten und zweiten Ableitungen benötigt werden.

Die Gln. (8.5) bzw. (8.6) können für die Temperaturmessung ausgenutzt werden. Dazu muß die Schallgeschwindigkeit, das heißt die Frequenz und die Wellenlänge des Schalls, gemessen werden. Meist wird hierfür die sogenannte akustische Interferometrie eingesetzt. Dabei werden in einer Gassäule variabler Länge mit Schall vorgegebener Frequenz stehende Wellen erzeugt. Aus der für den Übergang zwischen zwei benachbarten Resonanzzuständen erforderlichen Änderung der Gassäulenlänge ermittelt man die Wellenlänge des Schalls und damit die Schallgeschwindigkeit.

Das akustische Thermometer ist vorwiegend im Temperaturbereich $T = 2 \cdots 20\,\mathrm{K}$ mit Helium als Gasfüllung verwendet worden. Praktische Ausführungsformen akustischer Thermometer sowie die bei diesen Messungen zu berücksichtigenden Einflußfaktoren sind beispielsweise in [10] beschrieben.

8.3. Magnetisches Thermometer

Die magnetische Thermometrie basiert auf der Messung der magnetischen Suszeptibilität paramagnetischer Salze, deren Temperaturabhängigkeit durch eine Beziehung der Form

$$\chi_{\mathrm{m}} = \chi_v + \frac{C}{T + \Delta + \delta/T} \tag{8.8}$$

beschrieben werden kann [10]. In vielen Fällen ist es auch möglich, in bestimmten Temperaturbereichen die Funktion $\chi_{\mathrm{m}}(T)$ durch das Curie-Weiss-Gesetz

$$\chi_{\mathrm{m}} = \frac{C}{T + \Delta} \tag{8.9}$$

zu approximieren. Sowohl (8.8) als auch (8.9) können als Spezialfälle der aus allgemeinen Überlegungen folgenden Form

$$\chi_{\mathrm{m}} = c_0 + \frac{c_1}{T} + \frac{c_2}{T^2} + \frac{c_3}{T^3} + \cdots \tag{8.10}$$

für die Temperaturabhängigkeit der magnetischen Suszeptibilität paramagnetischer Substanzen angesehen werden [51].

Die in die Gln. (8.8) bis (8.10) eingehenden materialspezifischen Konstanten lassen sich im Prinzip alle theoretisch berechnen, wenn die chemische Zusammensetzung und die Kristallstruktur des verwendeten paramagnetischen Salzes bekannt sind

[51]. In der Praxis der magnetischen Thermometrie geht man jedoch den Weg der experimentellen Bestimmung der Konstanten. Dazu wird die magnetische Suszeptibilität χ_m bei einer Reihe von Temperaturen gemessen, die Gültigkeit einer der drei Beziehungen (8.8) bis (8.10) für die Temperaturabhängigkeit von χ_m vorausgesetzt und die Größe der jeweils zu ermittelnden Konstanten durch Anpassung bestimmt.

Mit dem magnetischen Thermometer sind Temperaturmessungen unterhalb etwa 30 K möglich. Heute hat dieser Thermometertyp jedoch nur noch für den Temperaturbereich unterhalb 1 K Bedeutung, da für Temperaturen oberhalb 1 K einfacher zu handhabende Meßverfahren zur Verfügung stehen (etwa das in Abschn. 5.4. beschriebene Germanium-Widerstandsthermometer). Als paramagnetisches Material wird vor allem Cer-Magnesium-Nitrat ($Ce_2Mg_3(NO_3)_{12} \cdot 24\,H_2O$) verwendet. Werden kugelförmige Einkristalle eingesetzt, so folgt die magnetische Suszeptibilität bis zu einer Temperatur von etwa 6 mK dem einfachen CURIE-WEISS-Gesetz (8.9). Erst unterhalb dieser Temperatur treten Abweichungen von (8.9) auf, die vermutlich eine Beschreibung der magnetischen Suszeptibilität mit Gl. (8.8) oder der allgemeinen Beziehung (8.10) erforderlich machen. Mit einem magnetischen Thermometer auf der Basis von Cer-Magnesium-Nitrat lassen sich Temperaturen bis herunter zu etwa 2 mK messen.

Neben dem Cer-Magnesium-Nitrat gibt es noch eine Reihe weiterer paramagnetischer Salze, die für den Einsatz in magnetischen Thermometern geeignet sind. Eine ausführliche Zusammenstellung hierzu sowie eine Diskussion der mit dem magnetischen Thermometer erzielbaren Meßgenauigkeit findet man in [52].

Ersetzt man die üblicherweise für die Messung der magnetischen Suszeptibilität verwendete Induktionsmethode [53] durch ein wesentlich empfindlicheres SQUID-Magnetometer [42], so läßt sich auch die Temperaturabhängigkeit der Kernsuszeptibilität für die Temperaturmessung im Millikelvinbereich ausnutzen [50].

8.4. Kernresonanzthermometer

Die Kernresonanz läßt sich auf zweierlei Weise für die Temperaturmessung ausnutzen. Erstens kann man über die Messung der kernmagnetischen Resonanz die statische magnetische Suszeptibilität der Kerne bestimmen [54], also im Prinzip ein magnetisches Thermometer realisieren. Messungen dieser Art sind an ^{65}Cu und ^{195}Pt zur Bestimmung sehr tiefer Temperaturen unterhalb 0,1 K durchgeführt worden [50]. Mit stationären Verfahren für den Nachweis der Kernresonanz lassen sich auf diese Weise Temperaturen bis zu etwa 2 mK, durch Einsatz von Impulsverfahren noch Temperaturen bis zu 0,7 mK messen.

Die zweite Möglichkeit für die Ausnutzung der Kernresonanz für die Temperaturmessung besteht darin, daß Kernquadrupol- und auch Kernspinresonanzfrequenzen unter bestimmten Bedingungen eine deutlich ausgeprägte Temperaturabhängigkeit zeigen können. Befindet sich ein Kern mit einem elektrischen Quadrupolmoment in einem inhomogenen elektrischen Kristallfeld, so tritt eine zusätzliche Aufspaltung der Kernniveaus auf, deren Größe vom Quadrupolmoment und vom Gradienten des elektrischen Kristallfeldes abhängt. Die letztgenannte Größe hängt von der gegenseitigen Lage der Atome im Kristallgitter ab und wird damit sowohl durch die Gitterschwingungen als auch durch thermische Ausdehnungseffekte beeinflußt. Als Folge ergibt sich eine von der Temperatur abhängige Kernquadrupolresonanzfrequenz [54], die für die Temperaturmessung verwendet werden kann. Praktisch ausgeführte Kernresonanzthermometer dieser Art verwenden vor allem Kaliumchlorateinkristalle ($KClO_3$) als Thermometersubstanz, wobei das Chlorisotop ^{35}Cl als eigentlicher Temperaturfühler dient. Mit dieser Methode lassen sich Temperaturen im Bereich $T = 12\cdots500$ K messen [4, 52, 55].

In ferromagnetischen und antiferromagnetischen Substanzen existiert am Kernort ein lokales nichtverschwindendes Magnetfeld, welches zu einer Aufspaltung der Kernspinniveaus führt [54]. Da der magnetische Ordnungszustand dieser Materialien und damit auch die Größe der inneren Felder von der Temperatur abhängt [51], lassen sich die daraus resultierenden temperaturabhängigen Kernspinresonanzfrequenzen für die Temperaturmessung ausnutzen. Dabei ist zu erwarten, daß derartige Kernresonanzthermometer in der Nähe der CURIE- bzw. NÉEL-Temperaturen der verwendeten Thermometersubstanzen ihre größte Empfindlichkeit haben werden. Praktisch ist ein solches Thermometer auf der Basis des antiferromagnetischen Manganfluorids (MnF_2) mit dem Fluorisotop ^{19}F als Temperaturfühler für den Temperaturbereich $T = 10\cdots40$ K realisiert worden [56].

8.5. Kernorientierungsthermometer

Wenn die Kernspins eines radioaktiven Kerns durch ein äußeres Magnetfeld polarisiert werden, so zeigt die vom Kern ausgesandte γ-Strahlung eine räumlich anisotrope Verteilung, die eine eindeutige Funktion der relativen Besetzung der magnetischen Unterniveaus E_m ist und theoretisch berechnet werden kann [50]. Da die Besetzung der Niveaus E_m stets einem BOLTZMANN-Faktor der Größe $\exp(-E_m/kT)$ proportional ist, ergibt sich somit die Möglichkeit, über die Messung der anisotropen räumlichen Verteilung der γ-Strahlung die Temperatur zu bestimmen. Die Empfindlichkeit dieser Thermometer ist am größten, wenn die Niveauaufspaltung in der Größenordnung von kT liegt.

Experimente in dieser Richtung sind mit den radioaktiven Isotopen ^{60}Co, ^{54}Mn, ^{125}Sb und ^{166}Ho durchgeführt worden, die meist als Beimengung geringer Konzentration in einem anderen Metall verwendet werden, beispielsweise ^{60}CoFe, ^{60}CoNi, ^{60}CoCo, ^{54}MnFe, ^{54}MnNi, ^{125}SbNi, ^{166}HoAu [50, 57]. Mit derartigen Thermometern sind bisher Temperaturmessungen im Bereich $T = 1$ mK$\cdots$1 K ausgeführt worden.

8.6. Kapazitätsthermometer

In den Kapazitätsthermometern wird die Tatsache ausgenutzt, daß die Kapazität eines Kondensators von der Dielektrizitätskonstanten des zwischen den Kondensatorelektroden befindlichen Materials abhängt. Als Dielektrikum ist vor allem $SrTiO_3$-Keramik verwendet worden, die eine sehr komplizierte Abhängigkeit der Dielektrizitätskonstanten von der Temperatur zeigt. Kühlt man von 300 K ausgehend ab, so steigt die Kapazität zunächst mit fallender Temperatur an, durchläuft bei etwa 70 K ein Maximum, fällt dann bis zu einer Temperatur von etwa 0,1 K wieder ab, um nach Durchlaufen eines Minimums bei dieser Temperatur wieder anzusteigen [58, 59]. Mit solchen Kapazitätsthermometern sind Temperaturmessungen bis herunter zu 7 mK durchgeführt worden [50]. Der Vorteil dieser Thermometer besteht vor allem darin, daß ihre Anzeige praktisch unabhängig vom Magnetfeld ist [60]. Sie können also überall dort mit Erfolg eingesetzt werden, wo sehr hohe oder variable Magnetfelder auftreten.

Es ist auch der Vorschlag gemacht worden, die ebenfalls von der Temperatur abhängige Dielektrizitätskonstante von Gasen für die Temperaturmessung zu nutzen [10]. Derartige Thermometer sind jedoch bisher nicht praktisch realisiert worden.

9. Temperaturmessung und Wärmeübertragung

9.1. Differentialgleichung eines Thermometers

Sieht man einmal von den optischen Pyrometern ab, so war bei der Betrachtung aller anderen Temperaturmeßverfahren stillschweigend vorausgesetzt worden, daß sich das Thermometer bzw. sein Temperaturfühler exakt auf der Temperatur des eigentlich zu untersuchenden Meßobjekts befindet. Diese Bedingung ist jedoch nur dann erfüllt, wenn sich der Temperaturfühler in idealem Wärmekontakt mit dem Meßobjekt befindet und seine Temperatur nicht durch Wärmeaustausch mit Objekten seiner Umgebung beeinflußt wird. Da sich dieser Idealfall in der Praxis nicht realisieren läßt, sind Überlegungen dazu anzustellen, auf welchem Wege die Gleichheit von Temperatur des Meßobjekts und Temperatur des Meßfühlers erreicht werden kann. Als gleichwertig ist ein stationärer Zustand anzusehen, in dem eine genau bekannte Relation zwischen diesen beiden Temperaturen existiert. Außerdem muß bekannt sein, welche Zeit für die Einstellung der Gleichheit beider Temperaturen oder zumindest eines stationären Zustands erforderlich ist.

Bei einer Temperaturmessung wird die Ausgangssituation im allgemeinen so aussehen, daß sich das Meßobjekt und der Temperaturfühler auf unterschiedlichen Temperaturen T_M bzw. T befinden (eine Ausnahme liegt lediglich in solchen Fällen vor, wo Temperaturfühler und Meßobjekt identisch sind oder der Temperaturfühler ein Teil des Meßobjekts ist). Bringt man den Temperaturfühler und das Meßobjekt in thermischen Kontakt miteinander, so wird als Folge der zwischen beiden bestehenden Temperaturdifferenz ein Wärmetransport stattfinden, der solange andauert, bis sich das System als Ganzes im thermischen Gleichgewicht befindet. Nimmt man nun an, daß die zwischen zwei sich auf unterschiedlicher Temperatur befindlichen Objekten transportierte Wärmemenge der Temperaturdifferenz proportional ist, so gilt für die in einem Zeitintervall dt vom Meßobjekt auf den Temperaturfühler übertragene Wärmemenge dQ_M die Beziehung

$$dQ_M = \frac{1}{R_{TM}} (T_M - T)\, dt. \tag{9.1}$$

Als Proportionalitätsfaktor wurde hier eine Größe $1/R_{TM}$ gewählt, in der R_{TM} als Wärmewiderstand bezeichnet wird.

Des weiteren ist zu berücksichtigen, daß der Meßfühler im allgemeinen in thermischem Kontakt zu Objekten der Umgebung stehen wird, die sich auf einer von T und T_M verschiedenen Temperatur befinden werden. Wir wollen hier der Einfachheit halber annehmen, daß nur ein einziger solcher thermischer Kontakt existiert und daß das entsprechende Objekt die Temperatur T_U hat. Das führt dazu, daß der Temperaturfühler auch eine bestimmte Wärmemenge dQ_U von diesem Objekt aufnehmen wird, die in Analogie zu (9.1) durch

$$dQ_U = \frac{1}{R_{TU}} (T_U - T)\, dt \tag{9.2}$$

gegeben ist. Die dem Meßfühler zugeführten Wärmemengen dQ_M und dQ_U führen zu einer Änderung seiner Temperatur T um einen Wert dT, der sich aus

$$dQ_M + dQ_U = C\, dT \tag{9.3}$$

berechnen läßt, wobei C die Wärmekapazität des Meßfühlers ist. Setzt man (9.1) und (9.2) in (9.3) ein, so erhält man für die zeitliche Abhängigkeit der Temperatur des Meßfühlers die Differentialgleichung

$$C \frac{dT}{dt} = \frac{T_M - T}{R_{TM}} + \frac{T_U - T}{R_{TU}}. \tag{9.4}$$

An dieser Stelle sei darauf hingewiesen, daß die Gl. (9.4) mit der Differentialgleichung identisch ist, die die zeitliche Abhängigkeit der Spannung U am Kondensator C in der in Abb. 9.1 gezeigten elektrischen Schaltung beschreibt, wenn man für die Wärmewiderstände R_{TM} und R_{TU} die ohmschen Widerstände R_M und R_U, für die Wärmekapazität C die elektrische Kapazität C des Kondensators und für die Temperaturen T_M, T_U und T die Spannungen U_M, U_U und U einsetzt. Es ist oftmals günstig, sich diese elektrische Analogie zunutze zu machen, um unter Umständen recht komplizierte thermische Vorgänge durch analoge elektrische Netzwerke anschaulich darzustellen und entsprechend den Regeln der elektrischen Netzwerktechnik zu berechnen.

Die Lösung der Differentialgleichung (9.4) liefert eine Aussage über den Zusammenhang zwischen der Temperatur $T(t)$ des Meßfühlers (das heißt der vom Thermometer angezeigten Temperatur) und der eigentlich zu bestimmenden Temperatur T_M des Meßobjekts. Voraussetzung dafür ist jedoch, daß die in (9.4)

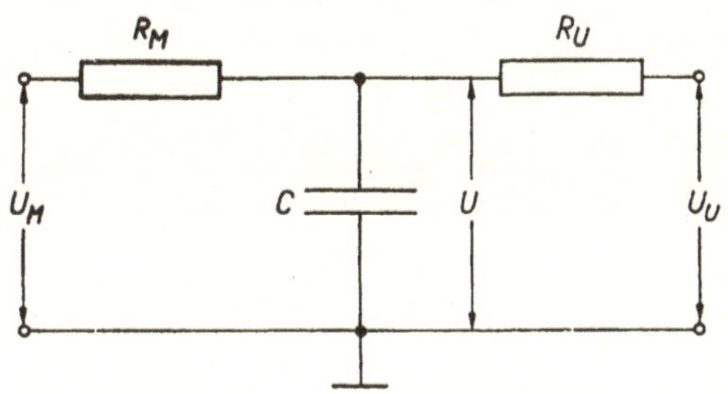

Abb. 9.1. Elektrisches Analogon zur Darstellung der Thermometergleichung

eingehenden Größen T_U, R_{TM} und R_{TU} bekannt sind. Während man T_U meist durch eine separate Messung ermitteln und für die weiteren Überlegungen als konstant ansehen kann, hängen die Wärmewiderstände R_T vom Wärmetransportmechanismus ab, wobei auf Grund der bisherigen Darlegungen auch nicht von vornherein die Möglichkeit ausgeschlossen werden kann, daß R_{TM} und R_{TU} selbst noch von T_M und T bzw. T_U und T abhängen.

Die für die Temperaturmessung wichtigsten Wärmetransportmechanismen sind die Wärmeleitung, die Wärmestrahlung und der Wärmeübergang an Grenzflächen zwischen unterschiedlichen Phasen. Bevor man an eine Lösung der Gl. (9.4) herangehen kann, muß folglich erklärt werden, wie der über die Gl. (9.1) definierte Wärmewiderstand für diese drei Mechanismen einzuführen ist.

9.2. *Wärmetransportmechanismen*

9.2.1. *Wärmeleitung*

Man stelle sich vor, daß das Meßobjekt und der Meßfühler durch einen homogenen Körper mit dem konstanten Querschnitt A miteinander verbunden sind, in dem die Temperatur nur von

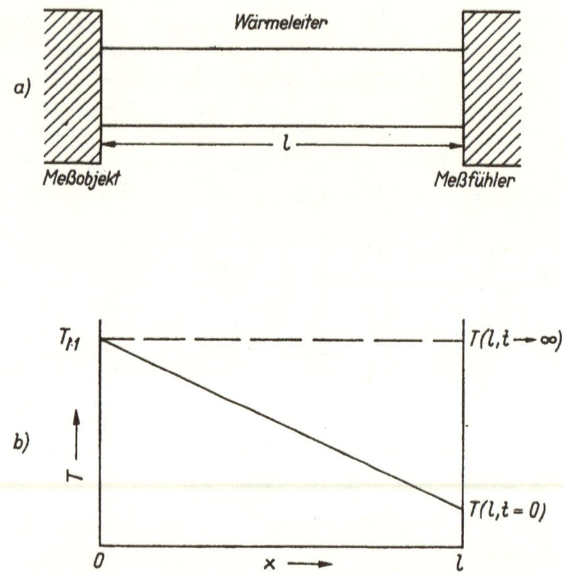

Abb. 9.2. Schema für den Wärmeleitungskontakt zwischen Meßobjekt und Meßfühler (a) und Temperaturprofile für $t = 0$ und $t \to \infty$ (b)

der Koordinate x abhängt (Abb. 9.2). Dann liegt zum Zeitpunkt $t = 0$ ein lineares Temperaturgefälle zwischen dem Meßobjekt (Temperatur T_M) und dem Meßfühler (Temperatur T) vor, das mit $t \to \infty$ in die horizontale Gerade $T(x) = T_M$ übergeht (Abb. 9.2b). Betrachtet man jetzt zu irgendeinem Zeitpunkt t ein Volumenelement des Wärmeleiters (Abb. 9.3), so ist der Wärmetransport durch den Querschnitt des Wärmeleiters an einem herausgegriffenen Punkt x dem Querschnitt A und dem Temperatur-

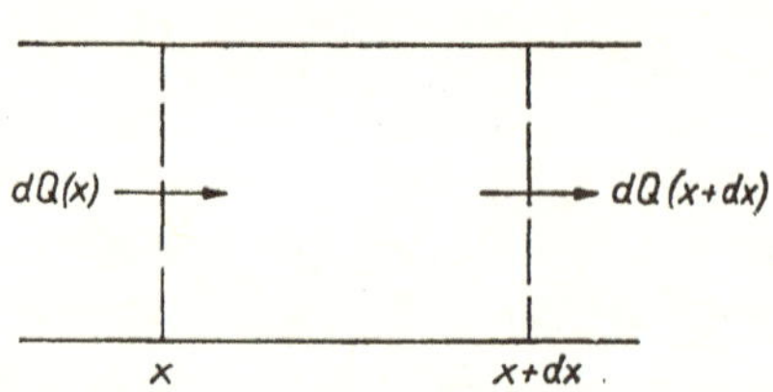

Abb. 9.3. Zur Ableitung der Wärmeleitungsgleichung

gradienten $\mathrm{d}T/\mathrm{d}x$ an diesem Punkt proportional,

$$\mathrm{d}Q(x) = -\lambda A \left.\frac{\mathrm{d}T}{\mathrm{d}x}\right|_x \mathrm{d}t, \tag{9.5}$$

wobei durch das negative Vorzeichen die Tatsache berücksichtigt wird, daß ein Wärmetransport stets vom Gebiet höherer Temperatur zum Gebiet niedrigerer Temperatur erfolgt. Der in (9.5) eingeführte Proportionalitätsfaktor λ heißt Wärmeleitfähigkeit und ist eine materialspezifische Größe. Diese an der Stelle x in das Volumenelement hineinfließende Wärmemenge wird teilweise für die Erwärmung des Volumenelements aufgebraucht und teilweise an der Stelle $x + \mathrm{d}x$ an das nächstfolgende Volumenelement abgegeben. Sind ϱ und c die Dichte bzw. die spezifische Wärmekapazität des Wärmeleiters, so ist die Wärmekapazität des Volumenelements gleich $c\varrho A\,\mathrm{d}x$, so daß man aus dem Energieerhaltungssatz

$$-\lambda A \left.\frac{\mathrm{d}T}{\mathrm{d}x}\right|_x \mathrm{d}t = -\lambda A \left.\frac{\mathrm{d}T}{\mathrm{d}x}\right|_{x+\mathrm{d}x} \mathrm{d}t + c\varrho A\,\mathrm{d}x\,\mathrm{d}T \tag{9.6}$$

erhält. Hieraus ergibt sich für das Temperaturprofil $T(x, t)$ die Differentialgleichung

$$\frac{\mathrm{d}T}{\mathrm{d}t} = \frac{\lambda}{c\varrho}\frac{\mathrm{d}^2T}{\mathrm{d}x^2}, \tag{9.7}$$

die als Wärmeleitungsgleichung bezeichnet wird.

Für die an den Meßfühler abgegebene Wärmemenge erhält man gemäß Gl. (9.5)

$$\mathrm{d}Q_\mathrm{M} = -\lambda A \left.\frac{\mathrm{d}T(x, t)}{\mathrm{d}x}\right|_{x=l} \mathrm{d}t, \tag{9.8}$$

woraus sich aus einem Vergleich mit der Definitionsgleichung (9.1) für den Wärmewiderstand die Beziehung

$$R_{T\mathrm{M}} = \frac{T_\mathrm{M} - T(l, t)}{\lambda A}\left(\left.\frac{\mathrm{d}T(x, t)}{\mathrm{d}x}\right|_{x=l}\right)^{-1} \tag{9.9}$$

ergibt. Eine Aussage über $R_{T\mathrm{M}}$ ist also nur möglich, wenn $T(x, t)$ bekannt ist. Die Funktion $T(x, t)$ kann durch Lösung der Differentialgleichung (9.7) bestimmt werden. Man kann den Wärmewiderstand $R_{T\mathrm{M}}$ auch direkt ermitteln, indem man den elektrischen

Widerstand R_M eines elektrischen Netzwerks berechnet, welches den Wärmeleiter beschreibt. Dazu ist gemäß (9.6) jedes Volumenelement des Wärmeleiters durch die in Abb. 9.4 dargestellte Kom-

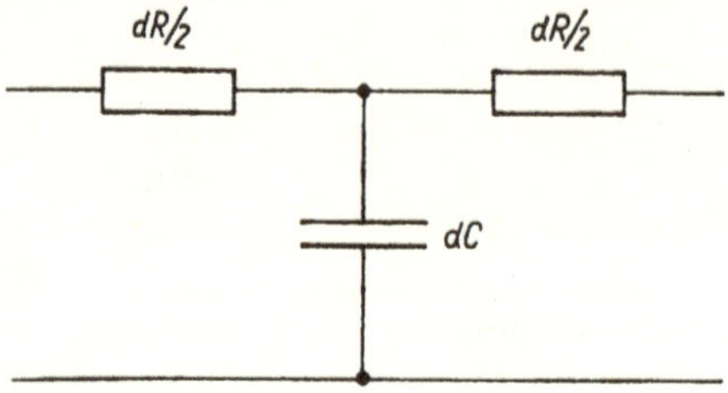

Abb. 9.4. Elektrisches Analogon des Volumenelements eines Wärmeleiters

bination von Widerstand und Kapazität mit $\mathrm{d}R = \mathrm{d}x/\lambda A$ und $\mathrm{d}C = c\varrho A\,\mathrm{d}x$ zu ersetzen. Beide Verfahren führen zu der Beziehung

$$R_{TM} = \frac{l}{\lambda A}\,[1 + g(cl^2\varrho/\lambda, t)], \tag{9.10}$$

wobei mit $cl^2\varrho/\lambda \ll 1$ auch $g(cl^2\varrho/\lambda, t) \ll 1$ wird. Ist diese Bedingung erfüllt, so ist der in (9.1) eingehende Wärmewiderstand eine zeitunabhängige konstante Größe und hat den Wert

$$R_{TM} = \frac{l}{\lambda A}. \tag{9.11}$$

Auch für $t \to \infty$ nähert sich R_{TM} (t) (Gl. (9.10)) immer mehr dem konstanten Wert (9.11).

Läßt sich der Kontakt zur Umgebung ebenfalls durch Wärmeleitung beschreiben, so sind natürlich für den Wärmewiderstand R_{TU} in Gl. (9.2) analoge Überlegungen anzustellen.

Um eine möglichst übersichtliche Beschreibung des zeitlichen Verhaltens der Thermometeranzeige mittels Gl. (9.4) zu erreichen, wird man bestrebt sein, den Wert (9.11) für R_{TM} zu verwenden, was jedoch voraussetzt, daß $cl^2\varrho/\lambda \ll 1$ ist. Folglich sind als thermische Kontaktmaterialien nach Möglichkeit Substanzen mit hoher Wärmeleitfähigkeit λ und niedriger spezifischer Wärmekapazität c auszuwählen. In den Abbn. 9.5 und 9.6 ist die Wärmeleitfähigkeit und die spezifische Wärmekapazität einer Reihe von Materialien als Funktion der Temperatur angegeben, die in der Thermometrie eine Rolle spielen. Wie man sieht, zeichnen sich die Metalle sowohl durch hohe λ-Werte als auch vergleichsweise niedrige c-Werte aus und sollten deshalb am ehesten geeignet sein, die Bedingung für einen konstanten Wärmewiderstand R_{TM} zu gewährleisten, sofern die Länge l des Wärmeleiters nicht zu groß gewählt wird.

Abschließend sei darauf hingewiesen, daß das Zeitverhalten der Anzeige eines Thermometers unter Umständen auch durch Wärmeleitungsprozesse im Meßfühler selbst beeinflußt werden kann. Betrachtet man beispielsweise ein Gasthermometer mit einer Gasfüllung aus Helium oder Stickstoff (s. Abschn. 2.),

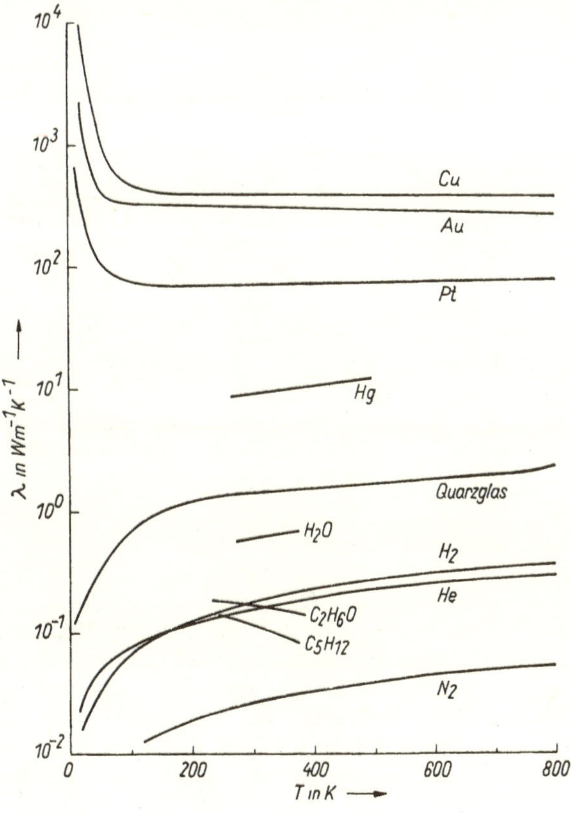

Abb. 9.5. Wärmeleitfähigkeit verschiedener Materialien (nach [62])

so folgt aus Abb. 9.5, daß die Wärmeleitfähigkeit im Füllgas wesentlich kleiner ist als die Wärmeleitfähigkeit des Gefäßmaterials (Quarzglas, Platin, Kupfer). Das bedeutet, daß der Temperaturausgleich im Füllgas im wesentlichen die Einstellzeit des Thermometers bestimmen wird. Bei den Widerstandsthermometern (Abschn. 5.) oder Thermoelementen (Abschn. 6.) wird dieser Effekt wegen der guten Wärmeleitfähigkeit des in der Regel metallischen Meßfühlers vernachlässigbar sein.

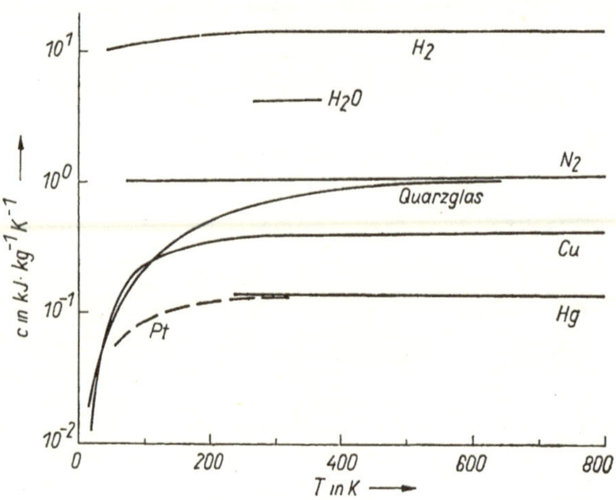

Abb. 9.6. Spezifische Wärmekapazität verschiedener Materialien (nach [17]) bei konstantem Druck ($p = 101\,325$ Pa)

9.2.2. *Wärmeübergang an Grenzflächen*

Der Wärmeübergang an Grenzflächen ist eine komplizierte Erscheinung, an der im allgemeinen mehrere Wärmetransportmechanismen wie etwa Wärmeleitung, Wärmestrahlung und Konvektion beteiligt sein können. Wegen dieser Unübersichtlichkeit der auftretenden physikalischen Effekte wird deshalb auch nicht versucht, eine einwandfreie physikalisch-mathematische Beschreibung des Wärmeübergangs an Grenzflächen zu formulieren, sondern man führt einen phänomenologischen Parameter ein, der durch das Experiment für jede konkret vorliegende Situation ermittelt wird.

Befindet sich der Meßfühler, der zu Beginn des Experiments die Temperatur T haben möge, in direktem Kontakt mit einem auf der Temperatur T_M befindlichen festen, flüssigen oder gasförmigen Meßobjekt, so beschreibt man die vom Meßobjekt auf den Meßfühler übertragene Wärmemenge durch die Beziehung

$$dQ_M = \alpha_ü A (T_M - T), \qquad (9.12)$$

wobei A die Größe der Kontaktfläche ist und der Proportionalitätsfaktor $\alpha_ü$ als Wärmeübergangszahl bezeichnet wird. Aus einem Vergleich mit Gl. (9.1) folgt für den auftretenden Wärmewiderstand

$$R_{TM} = \frac{1}{\alpha_ü A}, \qquad (9.13)$$

der auch als Wärmeübergangswiderstand bezeichnet wird.

Experimentelle Untersuchungen haben gezeigt, daß beim Eintauchen eines Rohres in ruhende Luft Wärmeübergangszahlen von 3···20 W m^{-2} K^{-1}, beim Eintauchen in Öl von 30···600 W m^{-2} K^{-1} und beim Eintauchen in ruhendes Wasser von 1000 bis 1400 W m^{-2} K^{-1} auftreten. Taucht das Rohr in strömende oder siedende Flüssigkeiten, so lassen sich Wärmeübergangszahlen von 1200···12000 W m^{-2} K^{-1} beobachten. Als allgemeine Regel kann gelten, daß die Wärmeübergangszahl zu Gasen stets kleiner ist als die Wärmeübergangszahl zu Flüssigkeiten. Außerdem fällt die Wärmeübergangszahl mit sinkender Strömungsgeschwindigkeit des Mediums und mit wachsendem Durchmesser des eintauchenden Rohres.

9.2.3. Wärmetransport durch Strahlung

Für die Beschreibung des Wärmetransports durch Strahlung, der insbesondere in den objektiven Pyrometern (Abschn. 7.5) die entscheidende Kopplung zwischen Meßobjekt und Meßfühler darstellt, gehen wir von der in Abb. 9.7 dargestellten Situation aus. Es stehen sich zwei strahlende Flächen in einem Abstand d gegenüber, die sich auf unterschiedlichen Temperaturen T_1 und T_2 befinden mögen. Ist die Größe A der Flächen sehr groß (im Grenzfall unendlich groß) oder der Abstand d sehr klein, so kann man voraussetzen, daß die gesamte von einer Fläche ausgehende Strahlungsleistung auf die andere Fläche auftrifft. Dann wird von der

Fläche 1 eine Strahlungsleistung $\Phi_{e1,0}$ zur Fläche 2 und von der Fläche 2 eine Strahlungsleistung $\Phi_{e2,0}$ zur Fläche 1 transportiert werden. Beide Strahlungsleistungen setzen sich aus der Eigenemission Φ_{e1} bzw. Φ_{e2} der beiden Körper sowie einem durch Reflexion entstehenden Anteil zusammen,

$$\Phi_{e1,0} = \Phi_{e1} + \varrho_{G1}\Phi_{e2,0}, \tag{9.14a}$$

$$\Phi_{e2,0} = \Phi_{e2} + \varrho_{G2}\Phi_{e1,0}, \tag{9.14b}$$

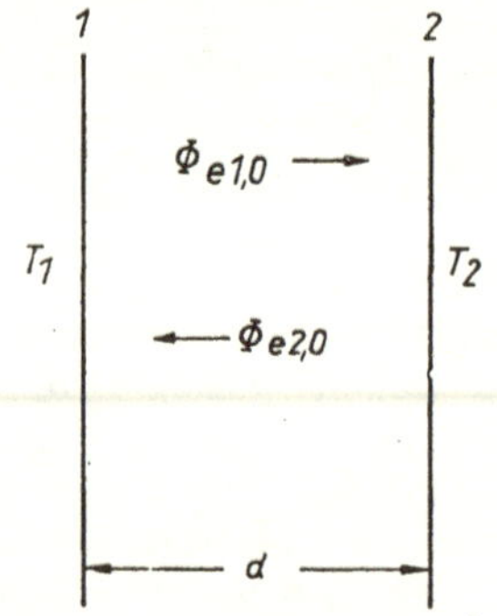

Abb. 9.7. Zum Wärmetransport durch Strahlung

wobei ϱ_{G1} und ϱ_{G2} die Gesamtreflexionsgrade der beiden Flächen sind, die unter der Annahme undurchsichtiger Körper gemäß Gl. (7.13) durch den Gesamtemissionsgrad $\varepsilon_G = 1 - \varrho_G$ ersetzt werden können (s. Gl. (7.28)). Dann erhält man aus der Kombination von (9.14a) und (9.14b) die Relation

$$\Phi_{e1,0} = \frac{\Phi_{e1} + (1 - \varepsilon_{G1})\,\Phi_{e2}}{\varepsilon_{G1} + \varepsilon_{G2} - \varepsilon_{G1}\varepsilon_{G2}} \tag{9.15}$$

und eine analoge Beziehung für $\Phi_{e2,0}$. Betrachtet man nun die Fläche 1 als das Meßobjekt und die Fläche 2 als Meßfühler, so wird die Fläche 2 einmal die Leistung $\varepsilon_{G2}\Phi_{e1,0}$ absorbieren, zum anderen ständig die Strahlungsleistung Φ_{e2} selbst emittieren, so daß sich für die aufgenommene Wärmemenge

$$\mathrm{d}Q_M = (\varepsilon_{G2}\Phi_{e1,0} - \Phi_{e2})\,\mathrm{d}t \tag{9.16}$$

ergibt. Setzt man noch (9.15) in (9.16) ein, so wird schließlich

$$\mathrm{d}Q_M = \frac{\varepsilon_{G2}\Phi_{e1} - \varepsilon_{G1}\Phi_{e2}}{\varepsilon_{G1} + \varepsilon_{G2} - \varepsilon_{G1}\varepsilon_{G2}}\,\mathrm{d}t. \tag{9.17}$$

Mit (7.1), (7.6) und (7.28) läßt sich hierfür auch

$$\mathrm{d}Q_\mathrm{M} = A\sigma \left[\frac{1}{\varepsilon_{\mathrm{G}1}} + \frac{1}{\varepsilon_{\mathrm{G}2}} - 1\right]^{-1} (T_\mathrm{M}^4 - T^4)\,\mathrm{d}t \tag{9.18}$$

schreiben, wobei noch in Analogie zu den vorhergehenden Abschnitten $T_1 = T_\mathrm{M}$ und $T_2 = T$ gesetzt wurde. Die Größe

$$C_{12} = \left[\frac{1}{\varepsilon_{\mathrm{G}1}} + \frac{1}{\varepsilon_{\mathrm{G}2}} - 1\right]^{-1} \sigma \tag{9.19}$$

wird als Strahlungskonstante der betrachteten Wandkombination bezeichnet. Sie hat in dem hier behandelten Fall eine besonders einfache Form und hängt nur von den Gesamtemissionsgraden der beiden Flächen ab. Findet der Wärmetransport zwischen geometrisch anders gearteten Körpern statt, so geht in die Größe C_{12} neben den Gesamtemissionsgraden auch noch die Geometrie der Anordnung ein. Aus (9.18) folgt somit, daß in jedem Falle

$$\mathrm{d}Q_\mathrm{M} = AC_{12}\,(T_\mathrm{M}^4 - T^4)\,\mathrm{d}t \tag{9.20}$$

gilt, wobei A die Fläche des Strahlungsempfängers, also des Meßfühlers ist.

An dieser Stelle sei darauf hingewiesen, daß man eine zu (9.20) analoge Beziehung auch dann herleiten kann, wenn nicht wie hier die Gesamtstrahlung betrachtet wird, sondern nur die Strahlung in einem bestimmten Wellenlängenbereich zum Wärmetransport beiträgt, wie das etwa bei den Strahldichtepyrometern der Fall ist (s. Abschn. 7.5.2.). Das geschieht in sehr einfacher Weise dadurch, daß man die Gesamtemissionsgrade durch die entsprechenden spektralen Emissionsgrade und die Strahlungsleistung durch die spektrale Strahlungsleistung ersetzt.

Ein Vergleich der Gl. (9.20) mit (9.1) zeigt, daß der Wärmewiderstand beim Wärmetransport durch Strahlung gleich

$$R_{T\mathrm{M}} = \frac{1}{AC_{12}\,(T_\mathrm{M} + T)\,(T_\mathrm{M}^2 + T^2)} \tag{9.21}$$

ist, das heißt eine temperaturabhängige Größe darstellt. Da der Gesamtemissionsgrad fast aller Materialien stark von der Temperatur abhängt (s. etwa Abb. 7.6), existiert über die Strahlungskonstante C_{12} (s. Gl. (9.19)) noch eine zusätzliche Temperaturabhängigkeit von $R_{T\mathrm{M}}$. Die Annahme eines näherungsweise konstanten Wärmewiderstands ist nur dann gerechtfertigt, wenn die Differenz zwischen den Temperaturen T_M und T so klein ist, daß $|T_M - T| \ll T_M, T$ gilt. Dann kann man in erster Näherung $T_M + T \approx 2T_B$ und $T_M^2 + T^2 \approx 2T_B^2$ setzen und außerdem mit einem nahezu konstanten Gesamtemissionsgrad rechnen. In diesem Falle erhält man für den Wärmewiderstand

$$R_{TM} = \frac{1}{4AC_{12}T_B^3}, \tag{9.22}$$

wobei T_B eine zwischen T und T_M liegende konstante Bezugstemperatur ist.

9.3. Lösung der Thermometergleichung

Bei den folgenden Betrachtungen zur Lösung der Differentialgleichung (9.4) für das Zeitverhalten der Thermometeranzeige wird stets vorausgesetzt, daß die Wärmewiderstände R_{TM} und R_{TU}, die beide Beiträge durch Wärmeleitung, Wärmeübergang an Grenzflächen und Wärmestrahlung enthalten können, von der Zeit und der Temperatur unabhängige Größen sind, das heißt die Beziehungen (9.11), (9.13) und (9.22) eine hinreichend genaue Beschreibung des Systems garantieren. Führt man dann die Abkürzungen

$$\tau = CR_{TM} \tag{9.23}$$

und

$$r = \frac{R_{TU}}{R_{TM} + R_{TU}} = \left[1 + \frac{R_{TM}}{R_{TU}}\right]^{-1} \tag{9.24}$$

ein, so erhält man aus (9.4)

$$\frac{dT}{dt} + \frac{1}{r\tau} T = \frac{T_M - T_U}{\tau} + \frac{T_U}{r\tau}. \tag{9.25}$$

Diese Gleichung nimmt eine besonders einfache Form an, wenn man anstelle der abhängigen Variablen T die Variable $\Delta T = T - T_U$ einführt. Setzt man noch $T_M - T_U = \Delta T_{MU}$, so ergibt sich

$$\frac{d(\Delta T)}{dt} + \frac{1}{r\tau} \Delta T = \frac{\Delta T_{MU}}{\tau}. \tag{9.26}$$

Berücksichtigt man noch den in der Praxis häufig interessierenden Fall, daß sich T_M und damit auch ΔT_{MU} mit der Zeit ändern können, so lautet die Lösung der Gl. (9.26) (s. etwa [61], S. 378)

$$\Delta T = \exp(-t/r\tau) \int_0^t \frac{\Delta T_{MU}(t')}{\tau} \exp(t'/r\tau)\, dt', \qquad (9.27)$$

wobei noch angenommen wurde, daß sich das Thermometer zu Beginn der Messung auf Umgebungstemperatur befindet, also $T = T_U$ oder $\Delta T = 0$ bei $t = 0$ ist.

Sehr häufig steht man vor der Aufgabe, eine zeitlich konstante oder nur sehr langsam veränderliche Temperatur zu messen, das heißt, es gilt $T_M(t) = T_{M,0}$ und damit auch $\Delta T_{MU}(t) = \Delta T_{MU,0}$. Bringt man nun das Thermometer zum Zeitpunkt $t = 0$ mit dem Meßobjekt in Kontakt (äquivalent dazu ist die Annahme, daß das Meßobjekt bei $t = 0$ sprungartig die Temperatur $T_{M,0}$ annimmt), so ergibt sich als Lösung von Gl. (9.27)

$$\Delta T(t) = r\Delta T_{MU,0}\{1 - \exp(-t/r\tau)\} \qquad (9.28)$$

mit

$$\Delta T(t \to \infty) = \Delta T_\infty = r\Delta T_{MU,0}. \qquad (9.29)$$

Das Thermometer zeigt also sowohl eine Anzeigeverzögerung, die durch die sogenannte reduzierte Zeitkonstante $r\tau$ bestimmt wird, als auch eine systematische Abweichung des bei $t \to \infty$ angezeigten Endwertes ΔT_∞ vom wahren Wert $\Delta T_{MU,0}$. Der auftretende relative systematische Anzeigefehler hat die Größe

$$e_r = \frac{\Delta T_\infty - \Delta T_{MU,0}}{\Delta T_{MU,0}} = r - 1. \qquad (9.30)$$

Wird ein Meßobjekt durch Heizung (oder auch Kühlung) von der Temperatur T_U auf eine gewünschte Temperatur $T_{M,0}$ gebracht, so wird das Meßobjekt seine Endtemperatur ebenso wie das Thermometer im eben betrachteten Fall längs einer exponentiellen Kurve erreichen, das heißt, für die Temperatur des Meßobjekts gilt in Analogie zu (9.28)

$$\Delta T_{MU}(t) = \Delta T_{MU,0}\{1 - \exp(-t/\tau_M)\}, \qquad (9.31)$$

wobei die Zeitkonstante τ_M gemäß Gl. (9.23) durch die Wärmekapazität des Meßobjekts und den Wärmewiderstand zwischen Heizung (oder Kühlung) und Meßobjekt bestimmt wird.

Die Lösung von (9.27) mit (9.31) ergibt

$$\Delta T(t) = r\Delta T_{\mathrm{MU},0}\left\{1 - \frac{r\tau}{r\tau - \tau_{\mathrm{M}}}\exp\left(-t/r\tau\right) - \frac{\tau_{\mathrm{M}}}{\tau_{\mathrm{M}} - r\tau}\exp\left(-t/\tau_{\mathrm{M}}\right)\right\}. \tag{9.32}$$

Für $t < r\tau$, τ_{M} und im Falle $r\tau \approx \tau_{\mathrm{M}}$ ist der Verlauf von $\Delta T(t)$ durch Gl. (9.32) zu beschreiben. Im Grenzfall $\tau_{\mathrm{M}} \ll r\tau$ nimmt (9.32) für $t > \tau_{\mathrm{M}}$ die Form (9.28) an, so daß in der Regel nur eine Aussage über $\Delta T_{\mathrm{MU},0}$ möglich ist. Dagegen erhält man für $\tau_{\mathrm{M}} \gg r\tau$ bei $t > r\tau$ in guter Näherung

$$\Delta T(t) \approx r\Delta T_{\mathrm{MU},0}\{1 - \exp\left(-t/\tau_{\mathrm{M}}\right)\} = r\Delta T_{\mathrm{MU}}(t), \tag{9.33}$$

das heißt, die Thermometeranzeige liefert eine Aussage über $\Delta T_{\mathrm{MU}}(t)$, und zwar unabhängig von t mit einem relativen systematischen Fehler der Größe $e_r = r - 1$. Für $t \to \infty$ wird in allen Fällen $\Delta T_\infty = r\Delta T_{\mathrm{MU},0}$.

Interessant für viele Anwendungszwecke ist ein linearer Anstieg der Temperatur des Meßobjekts,

$$\Delta T_{\mathrm{MU}}(t) = at. \tag{9.34}$$

Gl. (9.27) ergibt in diesem Falle

$$\Delta T(t) = ra\{t - r\tau[1 - \exp\left(-t/r\tau\right)]\}, \tag{9.35}$$

was für $t > 3r\tau$ in

$$\Delta T(t) = ra(t - r\tau) \tag{9.36}$$

übergeht. Wie man aus den Gln. (9.35) und (9.36) sieht, tritt hier neben dem bereits bekannten Faktor r und der durch die Exponentialfunktion beschriebenen abklingenden Anzeigeverzögerung noch eine Verschiebung der Zeitskala auf. Dieser Effekt führt zu einem zusätzlichen systematischen Fehler, der als Anzeigenacheilung bezeichnet wird. Die Nacheilzeit hat die Größe der reduzierten Zeitkonstanten $r\tau$.

Für den relativen systematischen Fehler erhält man nach dem Abklingen der Anzeigeverzögerung aus (9.36)

$$e_r = r\left(1 - \frac{r\tau}{t}\right) - 1, \tag{9.37}$$

was für $t \gg r\tau$ gegen $e_r = r - 1$ geht.

Ist die Temperatur des Meßobjekts in komplizierterer Weise von der Zeit abhängig, so kann man stets so vorgehen, daß die Funktion $\Delta T_{MU}(t)$ in eine Fourier-Reihe entwickelt wird. In diesem Zusammenhang ist es von Interesse, den Verlauf von $\Delta T(t)$ für eine periodische Änderung der Meßobjekttemperatur der Form

$$\Delta T_{MU}(t) = \Delta T_{MU,0} \sin \omega t \tag{9.38}$$

zu untersuchen. Führt man die Integration in (9.27) aus, setzt

$$r\tau\omega = \tan \varphi \tag{9.39}$$

und formt die für $\Delta T(t)$ erhaltene Formel unter Berücksichtigung der Additionstheoreme für die Winkelfunktionen noch etwas um, so erhält man schließlich

$$\Delta T(t) = r\Delta T_{MU,0} \cos \varphi \, [\sin (\omega t - \varphi) + \sin \varphi \cos \varphi \exp (-t/r\tau)], \tag{9.40}$$

was nach dem Abklingen der durch die Exponentialfunktion gegebenen Anzeigeverzögerung in

$$\Delta T(t) = r\Delta T_{MU,0} \cos \varphi \sin (\omega t - \varphi) \tag{9.41}$$

übergeht. Wie man aus (9.41) sieht, ist die Anzeige des Thermometers nach dem Abklingen der Anzeigeverzögerung wieder eine Sinusfunktion, die jedoch eine um den Faktor $r \cos \varphi$ reduzierte Amplitude aufweist und gegenüber der Meßobjekttemperatur (9.38) eine Phasenverschiebung um den Winkel φ zeigt, was in Analogie zu Gl. (9.36) eine Anzeigenacheilung bedeutet. Ist $r\tau\omega \ll 1$, so kann man $\varphi \approx \tan \varphi = r\tau\omega$ und $\cos \varphi \approx 1$ setzen, so daß in diesem speziellen Fall

$$\Delta T(t) \approx r\Delta T_{MU,0} \sin [\omega(t - r\tau)] \tag{9.42}$$

wird. Das bedeutet eine Reduzierung der Amplitude um den Faktor r und eine Nacheilzeit der Größe $r\tau$, was genau dem Ergebnis entspricht, welches für einen zeitlich linearen Anstieg (9.34) von $\Delta T_{MU}(t)$ gefunden wurde (s. Gl. (9.36)).

Für den relativen systematischen Anzeigefehler erhält man

$$e_r = \frac{r \cos \varphi \sin (\omega t - \varphi)}{\sin \omega t} - 1, \tag{9.43}$$

was für den bereits betrachteten Fall sehr kleiner Winkel φ gegen $e_r = r - 1$ strebt.

Wie die in diesem Abschnitt behandelten Beispiele zeigen, treten bei allen Temperaturmessungen prinzipiell nicht vermeidbare systematische Meßfehler auf. Erstens beobachtet man in allen Fällen eine Anzeigeverzögerung, die exponentiell mit der reduzierten Zeitkonstanten $r\tau$ abklingt. Wenn man folglich vor der Aufgabe steht, zeitlich schnell veränderliche Temperaturen T_M zu messen, so muß $r\tau$ möglichst klein gehalten werden. Zweitens tritt bei der Messung zeitabhängiger Temperaturen T_M, die keinem stationären Endwert zustreben, stets eine Anzeigenacheilung auf, wobei die Nacheilzeit gemäß der Gln. (9.36), (9.39) und (9.41) bzw. (9.42) mit wachsendem $r\tau$ ansteigt. Will man diesen systematischen Fehler reduzieren, so ist das wie bei der Anzeigeverzögerung ebenfalls nur durch Wahl kleiner Werte für $r\tau$ möglich. Für die reduzierte Zeitkonstante erhält man aus (9.23) und (9.24)

$$r\tau = C \frac{R_{TM} R_{TU}}{R_{TM} + R_{TU}}. \qquad (9.44)$$

Kleine Werte für $r\tau$ lassen sich folglich durch eine möglichst kleine Wärmekapazität C des Meßfühlers und durch Erfüllung der Bedingung $R_{TM} R_{TU} \ll R_{TM} + R_{TU}$ erzielen. Die letzte Ungleichung bedeutet, daß entweder $R_{TM} \ll R_{TU}$ oder $R_{TU} \ll R_{TM}$ gewählt werden muß.

Drittens schließlich ergibt sich in allen Fällen ein relativer systematischer Anzeigefehler e_r, dessen Größe gemäß der Gln. (9.30), (9.36) und (9.43) mit wachsendem r ansteigt, und zwar unabhängig von der konkreten Zeitabhängigkeit von T_M. Dieser Fehler verschwindet mit $r \to 1$, was nach Gl. (9.24) bedeutet, daß $R_{TU} \gg R_{TM}$ zu wählen ist, mit anderen Worten also ein thermischer Kontakt des Meßfühlers zur Umgebung nach Möglichkeit vermieden werden sollte. In diesem Falle erhält man für die reduzierte Zeitkonstante gemäß Gl. (9.44) den Wert $r\tau \approx \tau = CR_{TM}$.

Faßt man alle drei Punkte zusammen, so wird eine möglichst geringe systematische Abweichung der vom Thermometer angezeigten Temperatur T von der tatsächlich zu ermittelnden Meßobjekttemperatur T_M dann zu erreichen sein, wenn der thermische Kontakt des Meßfühlers zum Meßobjekt wesentlich besser ist als zur Umgebung ($R_{TM} \ll R_{TU}$) und außerdem sowohl der Wärmewiderstand R_{TM} zwischen Meßobjekt und Meßfühler als auch die Wärmekapazität des Meßfühlers möglichst klein sind.

9.4. Praktische Hinweise

Will man in der Praxis eine Temperaturmessung mit einem möglichst geringen systematischen Fehler ausführen, so muß man sich stets überlegen, wie man die soeben formulierten Bedingungen ($R_{TM} \ll R_{TU}$, R_{TM} und C klein) unter Berücksichtigung der konkreten Meßaufgabe erfüllen kann. Die Forderung nach kleinen Absolutwerten von R_{TM} und C steht immer dann, wenn es sich um die Messung zeitlich veränderlicher Temperaturen handelt. Eine kleine Wärmekapazität des Meßfühlers läßt sich dadurch erreichen, daß man den Meßfühler aus einem Material mit niedriger spezifischer Wärmekapazität herstellt, wofür vor allem Metalle (s. Abb. 9.6) und Halbleiter in Frage kommen. Außerdem kann C dadurch weiter reduziert werden, daß man die entsprechenden Metalle oder Halbleiter als dünne Schicht auf eine isolierende Unterlage aufbringt. Auf diese Weise lassen sich mit dementsprechend hergestellten Widerstandsthermometern (Abschn. 5.), Thermoelementen (Abschn. 6.) sowie anderen auf Halbleiterbasis beruhenden Temperaturfühlern (Abschn. 5.6.) extrem kleine Zeitkonstanten realisieren, die bis in den Nanosekundenbereich hineinreichen.

Die Größe der Wärmewiderstände R_{TM} und R_{TU} wird sowohl durch die Thermometerkonstruktion als auch durch die thermische Ankopplung der Thermometeroberfläche an das Meßobjekt und die Umgebung, das heißt durch den Einbau des Thermometers im allgemeinsten Sinne, bestimmt. Außerdem können alle in Abschn. 9.2. behandelten Wärmetransportmechanismen zu R_{TM} und R_{TU} beitragen. Da nach Abschn. 9.3. sowohl das zeitliche Verhalten der Thermometeranzeige als auch die Größe der auftretenden systematischen Fehler durch R_{TM} und R_{TU} bestimmt werden, ist stets eine Analyse der zu R_{TM} und R_{TU} zu erwartenden Beiträge erforderlich. Wie man eine solche Analyse vornimmt, soll am Beispiel eines Flüssigkeitsthermometers gezeigt werden, welches sich mit seinem Temperaturfühler im Inneren eines gasförmigen, flüssigen oder festen Meßobjekts befindet und mit einer an seinem Schaft befindlichen Halterung fest mit der Umgebung verbunden ist. Außerdem soll angenommen werden, daß sich in der Umgebung wenigstens noch ein anderes Objekt befindet, welches eine von der Umgebungstemperatur unterschiedliche Temperatur T_U' hat. In Abb. 9.8 ist eine solche Meßanordnung schematisch dargestellt.

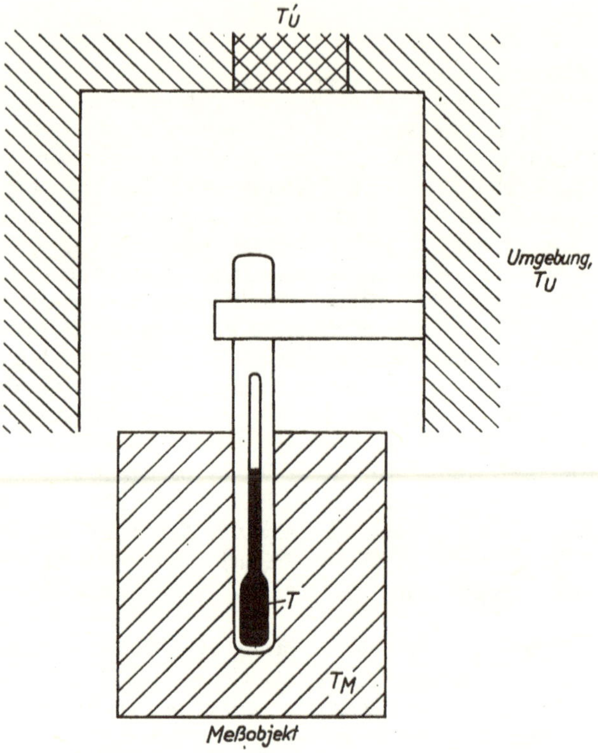

Abb. 9.8. System für die Temperaturmessung mit einem Flüssigkeitsthermometer

In dieser Anordnung sind für den Wärmewiderstand R_{TM}, der die thermische Ankopplung des Meßfühlers (Thermometerflüssigkeit) an das Meßobjekt beschreibt, drei Beiträge zu berücksichtigen: der Wärmeübergangswiderstand $R_{TM,ü}$ durch die Grenzfläche zwischen dem Material des Meßobjekts und dem Material des Thermometergefäßes, der Wärmeleitungswiderstand $R^{i}_{TM,\lambda}$ im Material des Thermometergefäßes und der Wärmeübergangswiderstand $R^{i}_{TM,ü}$ durch die Grenzfläche zwischen dem Material des Thermometergefäßes und der Thermometerflüssigkeit. Die beiden zuletzt genannten Wärmewiderstände sind durch das Thermometer selbst vorgegeben, sind also als innere Parameter des Meßgeräts aufzufassen und wurden deshalb mit dem oberen

Index i versehen. Für den gesamten Wärmewiderstand R_{TM} zwischen Meßfühler und Meßobjekt erhält man somit

$$R_{TM} = R_{TM,ü} + R^{i}_{TM,\lambda} + R^{i}_{TM,ü}. \tag{9.45}$$

Aus Gl. (9.45) ergibt sich eine interessante Schlußfolgerung. Ist beispielsweise $R_{TM,ü} \ll R^{i}_{TM,\lambda} + R^{i}_{TM,ü}$, so wird die durch Gl. (9.23) gegebene Zeitkonstante des Thermometers ausschließlich durch die Eigenschaften des Thermometers selbst bestimmt und ist damit eine vorgegebene Größe. Im entgegengesetzten Grenzfall $R_{TM,ü} \gg R^{i}_{TM,\lambda} + R^{i}_{TM,ü}$ dagegen sind die inneren Eigenschaften des Thermometers ohne Einfluß auf die Zeitkonstante, die dann ausschließlich durch die Wärmeübergangszahl zwischen dem Material des Meßobjekts und dem Thermometergefäßmaterial bestimmt wird (s. Abschn. 9.2.2.). Berücksichtigt man die in Abschn. 9.2.2. angegebenen Wärmeübergangszahlen, so kann ein solcher Unterschied in den Zeitkonstanten dadurch zustande kommen, daß man von einem flüssigen zu einem gasförmigen Meßobjekt übergeht.

Für den Wärmewiderstand R_{TU} lassen sich folgende Überlegungen anstellen. Zunächst erfolgt der thermische Kontakt zur Umgebung durch Wärmeleitung über den oberen Teil des Thermometers (Wärmewiderstand $R^{i}_{TU,\lambda}$) und die Thermometerhalterung (Wärmewiderstand $R_{TU,\lambda}$). Gleichzeitig muß berücksichtigt werden, daß auch eine thermische Ankopplung des oberen Teils des Thermometerkörpers an die Umgebung durch Wärmestrahlung erfolgen kann, was zu einem zu $R_{TU,\lambda}$ parallel liegenden Wärmewiderstand $R_{TU,s}$ führt. Befindet sich schließlich in der Umgebung noch ein anderes Objekt mit einer Temperatur T_U', so ist die thermische Ankopplung des oberen Teils des Thermometers an diesen Umgebungsteil ebenfalls zu berücksichtigen, und zwar in Form eines Wärmestrahlungswiderstands $R_{TU',s}$ der sich gemäß Abschn. 9.2.3. von $R_{TU,s}$ unterscheiden wird. Objekte dieser Art können beispielsweise in Räumen vorhandene Heizkörper oder auch die Sonnenstrahlung sein.

Wie man bereits an diesem einfachen Beispiel sieht, können die sich für R_{TU} ergebenden Beziehungen recht komplizierte Form annehmen, wobei zusätzlich auch nicht ausgeschlossen werden kann, daß T_U (bzw. auch T_U') in bestimmten experimentellen Anordnungen selbst noch zeitlichen Schwankungen unterliegen. Das kann dazu führen, daß die Thermometergleichung (9.4) unter Umständen zu erweitern ist und dann nur mit einigem mathematischem Aufwand gelöst werden kann. In solchen Fällen ist es günstiger, die bereits in Abschn. 9.1. angedeutete Analogie zu elektrischen Netzwerken auszunutzen. Wählt man wie bereits in Abschn. 9.3. die Umgebungstemperatur T_U als Bezugstemperatur und ersetzt somit die Temperaturdifferenz $\Delta T_{MU} = T_M - T_U$ durch die Spannung U_M, ΔT $T - T_U$ durch U und $\Delta T_{U'U} = T_U' - T_U$ durch U' sowie die

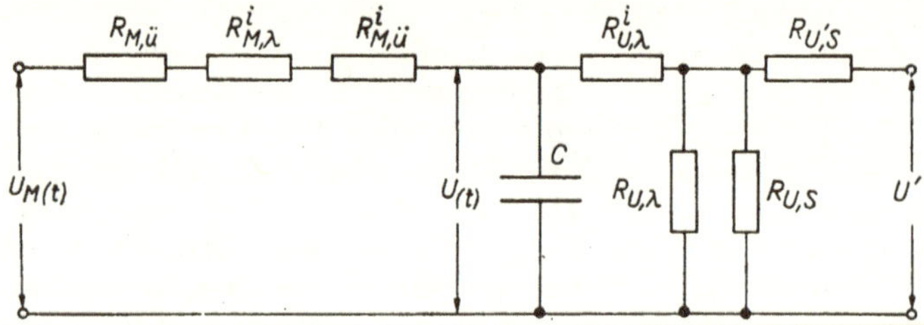

Abb. 9.9. Elektrisches Analogon des in Abb. 9.8 dargestellten Systems

Wärmewiderstände durch entsprechende ohmsche Widerstände, so läßt sich das in Abb. 9.8 dargestellte System durch das in Abb. 9.9 angegebene elektrische Netzwerk beschreiben. Berechnet man nun die Wärmewiderstände mit Hilfe der in Abschn. 9.2. gegebenen Beziehungen, so läßt sich das zeitliche Verhalten von $\Delta T(t)$ sehr einfach durch experimentelle Messung der Spannung $U(t)$ in der in Abb. 9.9 angegebenen Schaltung bestimmen. Andererseits ist es auf diesem Wege auch möglich, durch Variation der in R_{TU} eingehenden Einzelbeiträge die Bedingungen zu ermitteln, unter denen für ein vorgegebenes System eine Temperaturmessung mit möglichst geringem systematischem Fehler realisiert werden kann.

Literaturverzeichnis

[1] Leontowitsch, M. A.: Einführung in die Thermodynamik. VEB Deutscher Verlag der Wissenschaften, Berlin 1953

[2] Sommerfeld, A.: Vorlesungen über theoretische Physik (Band V: Thermodynamik und Statistik; 3. Auflage). Akademische Verlagsgesellschaft Geest und Portig, Leipzig 1965

[3] Eder, F. X.: Moderne Meßmethoden der Physik (Teil II: Thermodynamik). VEB Deutscher Verlag der Wissenschaften, Berlin 1956

[4] Henning, F., Moser, H.: Temperaturmessung (3. Auflage). Johann Ambrosius Barth, Leipzig 1977

[5] Bender, D., Pippig, E.: Einheiten, Maßsysteme, SI (4. Auflage). Akademie-Verlag, Berlin 1980

[6] Crovini, L., Bedford, R. E., Moser, A.: Extended List of Secondary Reference Points. Metrologia **13** (1977) 197

[7] Heise, R.: Elementare Einführung in die kinetische Gastheorie. B. G. Teubner Verlagsgesellschaft, Leipzig 1963

[8] D'Ans-Lax: Taschenbuch für Chemiker und Physiker (Band I: Makroskopische physikalisch-chemische Eigenschaften; 3. Auflage). Springer-Verlag, Berlin—Heidelberg—New York 1967

[9] Kikoin, I. K.: Tabellen physikalischer Größen (russisch). Verlag Atomisdat, Moskau 1976.

[10] Quinn, T. J.: Thermometry. Proc. Intern. School of Physics „Enrico Fermi" LXVIII (1980) 464

[11] Edelmann, C.: Druckmessung und Druckerzeugung. Akademie-Verlag, Berlin 1982

[12] Novikova, S. I.: Thermische Ausdehnung fester Körper (russisch). Verlag Nauka, Moskau 1974

[13] Landolt-Börnstein: Zahlenwerte und Funktionen aus Physik, Chemie, Astronomie, Geophysik und Technik (Band II., Teil 1: Mechanisch-thermische Zustandsgrößen; 6. Auflage). Springer-Verlag, Berlin—Heidelberg—New York 1971

[14] Lindorf, H.: Technische Temperaturmessungen (2. Auflage). Verlag W. Girardet, Essen 1956

[15] Laporte, H.: Messung, Erzeugung und Konstanthaltung hoher bis tiefer Temperaturen. VEB Fachbuchverlag, Leipzig 1961

[16] ESPE, W.: Werkstoffkunde der Hochvakuumtechnik (Band I und II). VEB Deutscher Verlag der Wissenschaften, Berlin 1960

[17] LANDOLT-BÖRNSTEIN: Zahlenwerte und Funktionen aus Physik, Chemie, Astronomie, Geophysik und Technik (Band IV, Teil 4, Bandteil a: Wärmetechnik; 6. Auflage). Springer-Verlag, Berlin—Heidelberg—New York 1967

[18] MAAS, H., SUR, L.: Metrologische Grundlagen der Temperaturmessung im Tieftemperaturbereich — die „Provisorische Temperaturskale von 1976 zwischen 0,5 und 30 K" und der Stand ihrer Darstellung im ASMW. Exp. Techn. Physik **28** (1980) 557

[19] MACDONALD, D. K. C.: Electrical conductivity of metals and alloys at low temperatures. Handbuch der Physik (Herausg. S. FLÜGGE), Bd. XIV (1956) 137; Springer-Verlag, Berlin—Göttingen—Heidelberg 1956

[20] ANSELM, A. I.: Einführung in die Halbleitertheorie. Akademie-Verlag, Berlin 1964

[21] CHATTOPADHYAY, D., QUEISSER, H. J.: Electron scattering by ionized impurities in semiconductors. Rev. mod. Physics **53** (1981) 745

[22] BLAKEMORE, J. S.: Semiconductor Statistics. Pergamon Press, Oxford—London—New York—Paris 1962

[23] MUIJLWIJK, R.: Determination of temperatures below 14 K with platinum thermometers. Physica **43** (1969) 419

[24] BEDFORD, R. E., PRESTON-THOMAS, H., DURIEUX, M., MUIJLWIJK, R.: Derivation of the CCT-68 reference function of the IPTS-68. Metrologia **5** (1969) 45

[25] KRAUS, K.: Temperaturmessung im Bereich von 13,81 bis 273,15 K nach der IPTS-68. Arch. techn. Messen. ATM-Blatt V 210-3 (Febr. 1974)

[26] WHITE, G. K., WOODS, S. B.: Indium resistance thermometer; 4 to 300 K. Rev. sci. Instruments **28** (1957) 638

[27] BLAKEMORE, J. S.: Design of germanium for thermometric applications. Rev. sci. Instruments **33** (1962) 106

[28] MOTT, N. F., DAVIES, E. A.: Electronic processes in non-crystalline materials. Clarendon Press, Oxford 1971

[29] AHLERS, G., MACRE, J. F.: Temperature-resistance relation for germanium thermometers. Rev. sci. Instruments **37** (1966) 962

[30] BLAKEMORE, J. S., WINSTEL, J., EDWARDS, R. V.: Computer fitting of germanium thermometer characteristics. Rev. sci. Instruments **41** (1970) 835

[31] CLEMENT, J. R., QUINNELL, E. H.: The low temperature characteristics of carbon-composition thermometers. Rev. sci. Instruments **23** (1952) 213

[32] SCHÄFER, G., SCHINKMANN, M.: Messen und Regeln tiefer Temperaturen. Teil II: Elektrische Verfahren. Meßtechnik **82** (1974) 31

[33] FISCHER, H.: Temperaturaufnehmer auf Halbleiterbasis — Grundlagen und Anwendung. Technisches Messen **45** (1978) 343

[34] BECKER, H.: Temperaturmessung Berührungsthermometer. Arch. techn. Messen, ATM-Blatt V 210-F4 (Nov. 1975)

[35] SZE, S. M.: Physics of Semiconductor Devices (2nd edition). J. Wiley & Sons, New York 1981

[36] PRADDAUDE, H. C.: An interpolation formula for GaAs p-n junction diode thermometer in the 1 to 100 K range. Rev. sci. Instruments **40** (1969) 599

[37] OHTE, A., YAMAGATA, M.: A precision silicon transistor thermometer. IEEE Trans. Instrumen. Meas. IM-26 (1977) 335

[38] NEUMANN, H., SCHÄFER, K.: Elektrische und elektronische Meßtechnik. Akademie-Verlag, Berlin 1982

[39] ZIMAN, J. M.: Principles of the Theory of Solids. University Press, Cambridge 1964

[40] ROSENBAUM, R. L.: Some low temperature observations. Rev. sci. Instruments **40** (1969) 577

[41] ARMBRÜSTER, H., KIRK, W. P.: Millikelvin temperature thermocouple. Physica **107 B** (1981) 335

[42] GALLOP, J. C., PETLEY, B. W.: SQUIDS and their applications. J. Physics, E: Sci. Instruments **9** (1976) 417

[43] Symbols, Units and Nomenclature in Physics. Document U. I. P. 20. Physica **93 A** (1978) 1

[44] DE VOS, J. C.: A new determination of the emissivity of tungsten ribbon. Physica **20** (1954) 690

[45] COATES, P. B.: Multi-wavelength pyrometry. Metrologia **17** (1981) 103

[46] WIEDERHOLD, G.: Optische Meßtechnik. Akademie-Verlag, Berlin

[47] GUILINO, E., MÜLLER, P.: Ein neues Quotienten-Pyrometer. Arch. techn. Messen, ATM-Blatt V 214 — 11 (Mai 1970)

[48] BRIXY, H., OEHMEN, J., RITTINGHAUS, K. F., WEGNER, P.: Rauschthermometrie, Teil 1 und 2. Technisches Messen **45** (1978) 351, 387

[49] CROVINI, L., ACTIS, A.: Noise thermometry in the range 630—962°C. Metrologia **14** (1978) 69

[50] PARKER, D. S., CORRUCCINI, L. R.: Recent advances in thermometry below 0.1 K. Cryogenics **15** (1975) 499

[51] VONSOVSKI, S. A.: Magnetismus. Verlag Nauka, Moskau 1971

[52] RUBIN, L. G.: Cryogenic thermometry: a review of recent progress. Cryogenics **10** (1970) 14

[53] ANDERSON, A. C., PETERSON, R. E., ROBICHAUX, J. E.: Magnetic thermometry. Rev. sci. Instruments **41** (1970) 528

[54] EBERT, I., SEIFERT, G.: Kernresonanz im Festkörper. Akademische Verlagsgesellschaft Geest & Portig, Leipzig 1966

[55] HUDSON, R. P.: Measurement of temperature. Rev. sci. Instruments **51** (1980) 871

[56] GILL, D., KAPLAN, N., THOMPSON, R., JACCARINO, V., GUGGENHEIM, H. J.: Precision thermometer for the region 10—40 K. Rev. sci. Instruments **40** (1969) 109

[57] Barclay, J. A., Bingham, D., Blamey, P. J.: A Holmium-in-Gold nuclear orientation thermometer for use from 1 K to 30 mK. J. Low Temp. Phys. **33** (1978) 343

[58] Lawless, W. N.: A low temperature glass-ceramic capacitance thermometer. Rev. sci. Instruments **42** (1971) 561

[59] Lawless, W. N., Radebaugh, R., Soulen, R. J.: Studies of a glass-ceramic capacitance thermometer between 0.025 and 2.4 K. Rev. sci. Instruments **42** (1971) 567

[60] Rubin, L. G., Lawless, W. N.: Studies of a glass-ceramic capacitance thermometer in an intense magnetic field at low temperatures. Rev. sci. Instruments **42** (1971) 571

[61] Bronstein, I. N., Semendjajew, K. A.: Taschenbuch der Mathematik (20. Auflage). B. G. Teubner Verlagsgesellschaft, Leipzig 1981

[62] Landolt-Börnstein: Zahlenwerte und Funktionen aus Physik, Chemie, Astronomie, Geophysik und Technik (Band IV, 4. Teil, Bandteil b: Thermodynamische Eigenschaften von Gemischen; Verbrennung und Wärmeübertragung; 6. Auflage). Springer-Verlag, Berlin—Heidelberg—New York 1972

Häufig verwendete Symbole

A	Fläche
C, c	Wärmekapazität bzw. spezifische Wärmekapazität
c_p, c_v	spezifische Wärmekapazität bei konstantem Druck bzw. konstantem Volumen
E_D	Donatorionisierungsenergie
E_F	FERMI-Energie
E_G	Breite der verbotenen Zone eines Halbleiters
E_e, E_v	Bestrahlungsstärke bzw. Beleuchtungsstärke
E_{ab}	Thermospannung
f	Frequenz
I	elektrischer Strom
I_e, I_v	Strahlstärke bzw. Lichtstärke
L_e, L_v	Strahldichte bzw. Leuchtdichte
m, M	Masse bzw. Molmasse
M_e, M_v	spezifische Ausstrahlung bzw. spezifische Lichtausstrahlung
n	Ladungsträgerkonzentration
N_A, N_D	Akzeptor- bzw. Donatorkonzentration
p	Druck
Q	Wärmemenge
R	elektrischer Widerstand
R_T	Wärmewiderstand
S_{ab}	SEEBECK-Koeffizient
T	Temperatur
t	Zeit
U	elektrische Spannung
V	Volumen
W	Arbeit, Energie
Z	Impedanz
α_l	linearer thermischer Ausdehnungskoeffizient
$\alpha(\lambda)$	spektraler Absorptionsgrad
β	Temperaturkoeffizient des elektrischen Widerstands

γ	kubischer thermischer Ausdehnungskoeffizient
$\varepsilon(\lambda)$	spektraler Emissionsgrad
ε_G	Gesamtemissionsgrad
η	Wirkungsgrad
ϑ	CELSIUS-Temperatur
Θ_D	DEBYE-Temperatur
λ	Wellenlänge; spezifische Wärmeleitfähigkeit
μ	Ladungsträgerbeweglichkeit; THOMSON-Koeffizient
π_{ab}	PELTIER-Koeffizient
ϱ	Massendichte; spezifischer elektrischer Widerstand
$\varrho(\lambda)$	spektraler Reflexionsgrad
σ	spezifische elektrische Leitfähigkeit
τ	Zeitkonstante
$\tau(\lambda)$	spektraler Transmissionsgrad
Φ_e, Φ_v	Strahlungsleistung (Strahlungsfluß) bzw. Lichtstrom
χ_m	magnetische Suszeptibilität
ω	Kreisfrequenz
Ω	Raumwinkel

Werte physikalischer Konstanten (nach [43])

Name und Symbol	Wert
Lichtgeschwindigkeit im Vakuum, c	$2{,}99792458 \cdot 10^8$ m s^{-1}
Elementarladung, e	$1{,}6021892 \cdot 10^{-19}$ C
PLANCKsche Konstante, h	$6{,}626176 \cdot 10^{-34}$ J s
erste Strahlungskonstante, c_1	$3{,}741832 \cdot 10^{-16}$ W m^2
zweite Strahlungskonstante, c_2	$1{,}438786 \cdot 10^{-2}$ m K
WIENsche Konstante, b	$2{,}897790 \cdot 10^{-3}$ m K
STEFAN-BOLTZMANN-Konstante, σ	$5{,}67032 \cdot 10^{-8}$ W m^{-2} K^{-4}
molare Gaskonstante, R	$8{,}31441$ J mol^{-1} K^{-1}
BOLTZMANN-Konstante, k	$1{,}380662 \cdot 10^{-23}$ J K^{-1}

Sachverzeichnis

ISBN 3-05-500201-6
ISSN 0084-098 X

Die Autoren

- ○ führen den Begriff der thermodynamischen Temperatur ein
- ○ gehen auf die praktische Realisierung der thermodynamischen Temperaturskala ein
- ○ behandeln ausführlich die wichtigsten gebräuchlichen Temperaturmeßverfahren und die dabei möglichen Ursachen für systematische Meßfehler
- ○ erläutern kurz die Wirkungsweise einiger weniger üblicher Methoden für die Temperaturmessung
- ○ gehen auf den Einfluß von Wärmeübertragungserscheinungen auf die Temperaturmessung ein

WISSENSCHAFTLICHE TASCHENBÜCHER

www.ingramcontent.com/pod-product-compliance
Lightning Source LLC
LaVergne TN
LVHW042244300926
849161LV00003B/460
9783112644157